U0156378

职业教育园林园艺类专业系列教材

庭园景观设计

主　编　高　钰

副主编　薛　菊　方秉俊

参　编　胡　丹　胡蔡清　郭锏锏

机械工业出版社

本书以模块教学和案例教学相结合为总体框架，讲述了庭园景观设计的步骤、设计方法和设计要素。全书共分三篇：第一篇为操作篇，详尽地介绍了设计流程、具体工作内容以及如何因地制宜解决问题，另外还逐一论述了各种造园手法；第二篇为素材篇，便于学生查询各种景观设计风格流派以及设计元素的样式和表现手法；第三篇为理论篇，通过小练习的方式学习设计的基本原理。

本书深入浅出、资料丰富、简明实用，可作为应用型本科、中职和高职园林（景观）设计的专业教材，也可作为景观设计专业人员和园林爱好者自学的参考用书。

本书配有电子课件、教学视频、题库、学生作业等配套资源，选用本书作为授课教材的教师及自学者可登录 www.cmpedu.com 注册、查阅，或加入机工社园林园艺专家 QQ 群（425764048）免费索取。如有疑问，请拨打编辑电话 010-88379373。

图书在版编目（CIP）数据

庭园景观设计/高钰主编. —北京：机械工业出版社，2016.8
（2023.8 重印）
职业教育园林园艺类专业系列教材
ISBN 978-7-111-54437-1

Ⅰ.①庭…　Ⅱ.①高…　Ⅲ.①庭院-景观设计-职业教育-
教材　Ⅳ.①TU986.2

中国版本图书馆 CIP 数据核字（2016）第 180119 号

机械工业出版社（北京市百万庄大街 22 号　邮政编码 100037）
策划编辑：王莹莹　责任编辑：王莹莹　林　静
责任校对：黄兴伟　封面设计：马精明
责任印制：刘　媛
涿州市般润文化传播有限公司印刷
2023 年 8 月第 1 版第 7 次印刷
210mm×285mm · 13.25 印张 · 399 千字
标准书号：ISBN 978-7-111-54437-1
定价：55.00 元

电话服务　　　　　　　网络服务
客服电话：010-88361066　机　工　官　网：www.cmpbook.com
　　　　　010-88379833　机　工　官　博：weibo.com/cmp1952
　　　　　010-68326294　金　书　网：www.golden-book.com
封底无防伪标均为盗版　机工教育服务网：www.cmpedu.com

如何使用本书？

　　这不是一本需要按顺序从头学到尾的教科书，它更像是一本速查手册。

　　本书共分三篇：操作篇、素材篇和理论篇。建议教师从模块一设计步骤详解开始讲解，因为这一模块用清晰的脉络与案例讲解让学生明白设计的每一步要做什么、怎么做，以及操作过程中的细节问题。由于设计课一般是由 1 ~ 3 个设计作业贯穿起来的，因此也可以根据设计作业的进度来讲解模块一。

　　在讲解设计的程序过程时，应对模块二造园手法、模块三风格与流派和模块四庭园构成元素进行针对性的讲解。一般来说，造园手法作为设计的重点建议全部教授；而风格与流派和设计元素可以有选择地进行学习。景观设计的风格众多，编者根据多年的景观设计经验，选取了目前最受客户喜爱的几种风格进行了重点讲解。

　　至于模块五设计原理与训练，理论不可不讲。本书将枯燥的理论化为13个动手训练，真正体现了做中学、学中做。教师可以将这一模块的练习作为每节课的课后作业布置给学生。

　　以上使用本书的方法不仅可以供教师参考，也可以为学生自学提供帮助。设计是以图说话，因此为学生提供的最佳服务就是可以查询的图集。总的来说，可以选择下面几种方式阅读本书。

　　1. 通读式学习：从头至尾地通读全书，这样可以全面地了解庭园设计整个过程中各个环节的内容及工作方法。

　　2. 资料查询式学习：本书脉络清晰，学生可以在学习的过程中将其当作查询资料的工具书。从目录中可以知道每一篇的基本内容索引。

　　3. 图纸查询式学习：本书包括庭园设计过程中所要绘制的图纸，可以在"图纸索引"处找到这些图纸所在的位置。

前　言

这不仅仅是一本用来阅读的书，还是一个可以"使用"的工具。因此，它更像是一个实用的产品，诸如椅子或茶杯。

一、问题的提出

通过对全国多所中、高职院校景观（园林）专业进行调查，可以发现中、高职院校的教学内容主要以小庭园及小型景观项目的学习为主。目前市面上的教材存在两个方面的缺陷：一是大部分教材脱胎于本科理论教材，涵盖面广、理论论述深入，多以宏观视野讲述景观设计，对于中、高职学生的就业去向帮助甚微；二是部分案例教材内容过于简单，类似于案例介绍，而没有深入讲解设计的理论及方法，让学生无从下手。

笔者从1995年开始教授设计课至今，发现设计课有许多特殊性。例如，专业设计课教师基本上不使用教材，而是使用各自的讲义讲解理论知识，并采用个别辅导的方式逐一为学生指导方案，以此方法传授景观设计的方法与原理。此外，设计课多以大作业形式完成，学生在设计草图以及绘制正式方案图的过程中完成学习任务。由于是单独指导，每个学生学到的东西并不均衡，也因受到课时数的限制，教师不可能使每个学生都得到全面的辅导。

多年的中、高职教育也让笔者了解到很多中、高职学生的特点。中、高职的学习趋向于实际操作，因此教学上和教材上都应该更加注重实用和强调动手。

二、本书的特点

1. 简单易学，讲授方法：这是一本讲授方法、针对初学者的设计入门教材。学生只要跟随书中的步骤一步步做下来就能掌握这门专业课必须掌握的精华。

2. 清楚明白，以图为主：内容完全针对设计课的方案设计与制图需要。比如会用图示的方法列出小庭园设计一共要做些什么工作，各有什么要求，如何绘制。

3. 内容全面，查询图典：除了操作—素材—理论的主线，本书主要分两方面讲解，一是设计，包含了庭园设计的各项要求与具体指标，二是制图，具体讲授了从平面图到施工图的画法，以起到设计图典的作用，供学生在疑惑时查询。

4. 程式教育，效果速成：本书的目的不是培养学生的创意和艺术修养，而是提供程式的设计方法，使用这本书可以使初学者设计出一座精美的庭园，并绘制出一套规范、优美的图纸。

三、本书编写成员及分工

这本书是笔者和另外五位资深的教师、设计师共同努力的结晶。

荷兰 NITA 景观公司的设计总监胡蔡清女士编写了模块一中的步骤 6 扩初与施工图设计。广东生态工业职业学院的薛菊老师编写了模块二造园手法，其中部分图片由中国地理杂志摄影师陈志文先生提供。成都农业职业技术学院的方秉俊老师编写了模块三风格与流派中的主要内容；其中，澳大利亚飞利浦·约翰逊景观设计公司（Phillip Johnson Landscapes）的景观设计师郭锕锕女士编写了附录 A 野风派的澳大利亚园林。

笔者与大理大学的胡丹老师、广东生态工业职业学院的薛菊老师共同编写了模块四庭园构成元素，其中部分手绘作品由美国纽约州立大学科贝尔斯基农业技术学院（SUNY Cobleskill College of Agriculture and Technology）的蒂莫西·马滕（Timothy Marten）教授绘制。

感谢澳大利亚飞利浦·约翰逊景观设计公司、协信商业地产集团、上海筑纳建筑工程有限公司为这本书提供的实际工程项目图片。

高　钰

目　录

理论篇

图纸索引

VIII

绪　论

　　庭园景观设计属于景观建筑学的一部分。景观建筑学研究的是如何通过科学的手段对大地进行艺术造型：根据功能需要合理重组自然要素、搭配植物、建造构筑物。自然要素包括山、谷、河流和池塘等；植物有乔木、灌木和花草；构筑物如建筑、街道、桥、喷泉和雕塑。因此，这是一个综合的概念，设计师既要拥有艺术家的审美品位，还要了解园艺、建筑等技术知识，这样才能合理进行平面布局，并且在造园之后懂得如何管理、保养和修护。图1所示为澳大利亚飞利浦·约翰逊景观设计公司设计的 Olinda 私人住宅项目。设计中巧妙地将建筑、曲桥与自然景观融合起来，成为一个有机的整体。

图 1　澳大利亚飞利浦·约翰逊景观设计公司设计的 Olinda 私人住宅项目

　　景观设计的对象——户外空间，是人类游憩、休闲、交往的主要场所，同时，这类空间较少有建筑覆盖，也是绿色植被、水体等自然因子生长的主要场所。因此景观设计要同时考虑到自然生态环境的保护、恢复，以及人类游憩休闲体系的构建。景观设计主要包括城市公园绿地设计、风景区设计、建筑外部空间设计、街道景观设计、广场景观设计、休闲度假区设计、建筑中庭设计、庭园设计等。庭园设计的范畴有居住空间、酒店中庭、办公空间、寺庙、小型公园等。图2所示的庭园是杭州西湖景区的魏庐，在不大的空间里围合出一个绿荫掩映、空间多变、观之不尽的江南水园。庭园设计既是空间设计体系的重要组成部分，也是建筑设计和城市规划设计的补充，对人居环境的建设起着重要作用。

一个景观设计方案能影响人们对生活环境的感受，甚至能影响到人与人之间的相处，所以设计师必须认真、慎重地考虑人们在心理和社会方面的需要。多数人已经意识到这种影响力，即庭园的环境对我们的生活质量甚至我们性格中的某些方面会有或好或坏的影响。

本书建议选择引导文和项目引导的方法进行学习，教师教授方法，学生学会自学与研究。具体来讲就是，教师通过布置多个任务和细分的小问题构建出知识体系结构，并详细介绍解题的方法；学生在完成任务和解答问题的时候，通过自我查阅、阅读和思考来学习理论知识；最终仍由学生自己将所学知识进行总结，梳理成框架。下面举例说明学习经典庭园的引导文方法。

图2 杭州西湖魏庐

首先，学生会接到如下任务与问题：

以小组为单位（三人），任选一个自己喜欢的经典小庭园或大型园林中的一部分进行研究，并回答以下问题：

1）该庭园属于什么风格？这类风格的庭园有什么特点？（参考本书模块三）

2）该庭园是什么年代，处于何种目的建造的？它需要满足哪些功能需要？

3）该庭园想要表达什么样的意境和效果？是否暗含某种哲学思想？

4）该庭园使用到哪些造园手法，请举例说明。（参考本书模块二）

5）徒手绘制该庭园的平面草图。

6）取这个庭园的一部分，详细分析这部分所用的植物有哪些？为什么选用这些种类的植物？在这个特定的景观里，对这些植物有哪些特定的要求？

作为一个学习庭园设计的学生，如何能快速地入门，掌握设计的方法呢？很多美术老师都有一个共识，临摹绘画作品是初学者入门的捷径，书法更是要临碑临帖。学习庭园设计亦有类似的捷径，那就是学习经典庭园。而学习的诸多方法中，测绘为最佳，抄绘图纸次之，阅读图书再次。最好能三管齐下，实地考察，加之理论学习，学业一定能突飞猛进。测绘并且绘制图纸可以领会造园者的意图与庭园的精妙之处，可以学习空间的形成与组合，甚至可以复制植物配置的方法。就算未能尽数掌握，至少可以掌握正确的制图规范与绘图技巧。以上这六个问题暗含着学习经典作品的方法，下面将详细讲解提出这六个问题的目的与解答的方法。

1. 理清脉络，了解历史

当我们考察历史留下的宝贵庭园时，就会看到无论是其构造还是其意匠都各具特征。这些特征因时代和民族的不同而产生，故称之为样式。而且，我们可进一步将它们区别为时代样式和民族样式；也可以抛开时代与地域，仅仅从平面构成的角度将庭园分为规则式与不规则式。任何庭园都是历史长河的沉淀物，因此考察一个庭园的时候首先要了解园林史，并理清该庭园在建筑史上的位置。例如，要考察留园，首先要知道中国的古典园林分皇家园林、寺庙园林、公共园林与私家园林，而留园则是私家文人园的代表之一。

园林起源于村宅绿化与畋猎苑囿。据考古的推测，古代的制陶、纺织及磨制工具等活动多半在户外举行，再加上集会、祭祀、玩耍等需要，人们都会在村落中或四周的空地上植树，既可以遮阴防尘，又可以游戏其中。《诗经》中多处描写了村落近旁那种以植物为主，依靠天然地形的简朴的早期民间园林。

"葛之覃兮，施于中谷，维叶萋萋。黄鸟于飞，集于灌木，其鸣喈喈。"⊖

魏晋南北朝时期，在朝隐思想的推动下，园林活动进入了前所未有的繁荣时期。五柳先生陶渊明的归田园居思想更是开创了文人园的先河。至明清时期，中国古代园林的发展达到了顶峰（图3）。

"虽复崇门八袭，高城万雉，莫不蓄壤开泉，琴髀林泽。"——《宋书·隐逸传》

陶渊明之后，文人园便在我国园林史上占据了重要位置，在以后的千余年里成为私家园林的主角（见本书第三章风格与流派）。

2. 研究庭园的背景及功能

在这个信息的时代，找到园林的背景资料并不难。例如，留园的资料除了在互联网上搜之即来，还可以参考刘敦桢所写的《苏州古典园林》和《中国古代建筑史》。

明万历十七年（1589年）太仆寺少卿徐泰时奉旨"回籍听勘"，回到苏州阊门外下塘花步里（今留园路一带）家中，"一切不问户外，益治园圃"。在其曾祖父"始创别业"的基础上，建东园。之后几次易主和扩建，成现在的留园。⊖

明代的文人园已经相当成熟，出现了专业造园工匠，被称作"山子"或"花园子"。留园的叠石由当时的大师周时臣所制，玲珑峭削"如一幅山水横披画"。今中部池西假山下部的黄石叠石，似为当年遗物。除了工匠，园林理论著作也层出不穷，如张岱的《陶庵梦忆》、钱咏的《履园丛话》、计成《园冶》等。这些巨著奠定了中国园林的造园基础手法与所追求的最高境界。

图3　明代文人园-苏州艺圃

"虽由人作，宛自天开。"——《园冶》

说到留园的功能，可归结为"游"和"居"二字。主人要在风景中生活、宴饮、读书、习艺和清谈，这些功能决定了中国古典园林必然是和建筑密不可分，其空间开阖满足复杂的生活需要。在庭园中，有用于夏日赏湖乘凉、抚琴的"卷石山房"（今涵碧山房）；秋日赏桂的餐秀轩（今闻木樨香轩）；生活待客的主厅"傅经堂"（今五峰仙馆），也有归田农耕的"亦吾庐"（今佳晴喜雨快雪之亭）……实际上，原来的主人由住宅入园的门口是在五峰仙馆东侧的鹤所，但由于当时此园就可供外人游赏，故园主在今古木交柯处另辟蹊径，可不经由住宅入园。了解了这些功能才能明白为什么园林要如此布局，如图4所示。

3. 研究庭园的意境

那么留园所要追求的最高境界究竟是什么呢？儒、释、道三教合一的思想是我国古代艺术的主要思想线索。园林艺术所创造的既可出世——隐居于城市山林，啸傲泉石；又可入世——阖家欢聚、进行社交往来的生活环境，便是这一思想在传统艺术上最具体的表现。

⊖ 葛：多年生草本植物，花紫红色，茎可做绳，纤维可织葛布，俗称夏布，其藤蔓亦可制鞋（即葛屦），夏日穿用；覃（tán）：本指延长之意，此指蔓生之藤；施（yì）：蔓延；中谷：山谷中；维：发语助词，无义；萋萋：茂盛貌；黄鸟：一说黄鹂，一说黄雀；于：曰；聿，作语助，无义；于飞，即飞；集：栖止；喈喈（jiē）：鸟鸣声。

⊖ 明·袁宏道《袁中郎先生全集》卷十四："徐冏卿（即徐泰时）园，阊门外下塘，宏丽轩举，前楼后厅，皆可醉客，石屏为周生时臣所堆，高三丈，阔可二十丈，玲珑峭削，如一幅山水横披画，了无断续痕迹，真妙手也。"此园清乾隆间为官僚刘恕（蓉峰）所有，经修葺，于嘉庆三年（公元1798年）落成，"竹色清寒，波光澄碧，擅一园之胜，因名曰寒碧庄"（嘉庆六年钱大昕《寒碧庄宴集序》），后亦称寒碧山庄，世称"刘园"。太平天国后，阊门外独留此园。光绪二年（公元1876年）官僚盛康（旭人）据此园，遂谐刘园之音，命名为"留园"（范来宗《寒碧庄记》、俞樾《留园记》）。

"主人无俗态，作圃见文心。"——《青莲山房》

文人园的设计必须充满诗情画意，而这情怀又要暗合自然之美，创造出一种自然清幽又远俗的场所（图5）。研究意境还可以通过推敲节点、小品、匾额题名等进行分析。

图4　苏州留园入口

图5　自然清幽的园林

"渔于泉，舫于渊，俯仰于茂木美荫之间……与之酬酢于心。目之所寓者：琴、棋、禅、墨、丹、茶、吟、谈、酒，谓之'九客'。"——《梦溪笔谈》[○]

4. 研究庭园的造园手法

在有限的空间里创造富于自然意趣的山峦水秀、曲折迂回、亭台楼阁，同时还要满足各项功能需求是个非常复杂的难题，所以每个园林都凝聚着高超的造园手法。中国传统的造园手法分布局、理水、叠山、建筑和花木，从典籍中可以看出古人的做法和现代人很相似，景观设计要从大局入手，首先在平面上进行功能分区和流线组织。（见本书模块一 设计步骤详解）园中风景如果没有适当的线路联系起来，则难免陷于散漫、凌乱，所以各园都有一条或若干条观赏路线，使游人在这些路线上看到的风景像一幅连续的画面，这就是流线设计。

除了布局，不同的部分也有各自的建造技巧（见本书模块二 造园手法）。例如，挖湖与堆山要"高方欲就亭台，低凹可开池沼。"；至于水榭，"榭者，藉也，藉景而成者也。或水边，或花畔，制亦随态。"

学习造园手法将会使设计者受益匪浅。园林鉴赏家程羽文在《清闲供·小蓬莱》中讲到一些有趣的小窍门："门内有径，径欲曲……花外有墙，墙欲低。墙内有松，松欲古。松底有石，石欲怪。石面有亭，亭欲朴。亭后有竹，竹欲疏。竹尽有室，室欲幽。室旁有路，路欲分。路合有桥，桥欲危。桥边有树，树欲高。……泉去有山，山欲深。山下有屋，屋欲方。"

如在上海静安雕塑公园，自然博物馆与一座大写意的中国古典园林互为对景；而远远望见的一汪池水和池中的不锈钢假山雕塑又恰到好处地将这座水院的主体水面隐藏起来，起到障景的作用。如图6所示，水池的设计简洁又不失意境。古典园林善用曲桥，曲桥可以增加游览路线，造

图6　上海静安雕塑公园采用古典意境与造园手法设计出中国韵味的大写意现代庭园

○ 酬：向客人敬酒，酢：向主人敬酒，泛指交际应酬。

成景深层次；而且曲一定要曲得有理，转折的地方必然是对着不同的景观效果。

5. 测绘和绘制图纸

　　如果条件允许，最好去现场进行测量和测绘。图 7 所示为留园内揖峰轩及周围各个院落的测绘图。很多经典园林我们可以搜集到它们的图纸资料，因此也可以采用抄绘的方法学习。手绘和计算机皆可，边画边品味，比仅仅看一眼体会更深。如果没有机会进行实地勘探，也可以采用卫星图在网上查看。

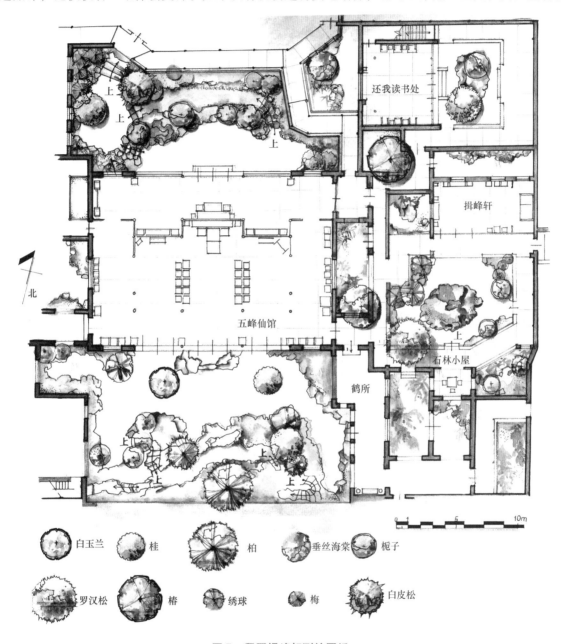

图 7　留园揖峰轩测绘图纸

6. 研究植物配置

　　园林设计师要对植物有一定了解，熟悉常用植物的形态和特性，这样在做设计时才能得心应手。而实地考察可以直观地看到不同年龄的植物在不同季节、不同位置的景观效果。

　　中国的私家园林并不讲求栽植奇花异草，反而要选择本地树种才得天然之道。清初文人徐日久认为

园林植物要有三不蓄："若花木之无长进，若欲人奉承，若高自鼎贵者，俱不蓄。"他主持的园林"多自然，不烦人工。"植物采用最少的养护成本。

例如，在留园的主厅五峰仙馆前面的庭院里，围绕院墙、顺着山势种植着女贞、黑松、柏、象牙竹与寿星竹，以造成松柏常青、幽篁掩映的背景效果；堂前种植白玉兰与桂花树寓意"玉堂春富贵"；早春白玉兰就以其硕大如玉的白色花朵缀满枝头，树下粉红的碧桃、垂丝海棠与绿叶交相呼应；夏天树木最茂盛的季节，假山石上雪白的六月雪与成群的夹竹桃怒放争辉；秋天金色桂花飘香。小庭院里处处有景，季季花开，代表着中国园林的植物配置特色。

除了留园，春天可以赏山茶花的有拙政园西部的十八曼陀罗花馆，看海棠花的有海棠春坞；晚春看芍药花的有网师园的殿春簃；夏天赏荷的有拙政园的远香堂和荷风四面亭；而怡园的梅林、狮子林的问梅阁、狮子林的暗香疏影楼更是冬日观梅的好地方。

再如杭州植物园中有个山水园，当你学习这个以水为主的庭园时就会了解水边植物配置的原则（图8）。

1）离水较远处的路旁，植物宜粗，无论形体还是枝叶质感都要显得随意，体现出野趣。

2）水边植物则要配置得细腻而讲究，不仅如此，池边设计不能千篇一律，应间隔性布置草坡、湖石、挺水植物、沉水植物或具有"疏影横斜"特点的亲水植物。

3）至于水中的浮水植物或漂浮植物也要依照植物的特点进行布局，如水面大则种植荷花，水面小则种植睡莲，荷可满植，因为荷叶挺出水面，观者依然可见水面，而睡莲叶由于紧贴水面而必须疏密有致。

图8　杭州植物园山水园

以上介绍的是教师引导文的教学方法和学生学习经典园林的方法。本书之后的章节将就庭园设计的不同内容分门别类地讲解。

操作篇

模块一　设计步骤详解

模块二　造园手法

模块一　设计步骤详解

任何操作性的学科，过程的学习都是最快的上手方式。

无论是大规模的景观规划，还是小庭园的设计，抑或微型绿化组合造景，我们要做的都是将艺术与科学结合起来，让我们的作品既令人赏心悦目又具有功能性。跟公园或城市绿地的设计相比，庭园设计跟建筑设计、日常生活的联系更加紧密。就像房子会分成很多功能房间，诸如卧室、客厅、厨房或餐厅，庭园空间也有各种各样的功能。例如，露台就有很多用途：休息、阳光浴、室外厨房和餐厅、家人朋友聚谈的露天客厅等（图1-1）。

在设计庭园的时候我们需要考虑很多因素：使用者、场地、气候、功能等。好的景观设计必须充分尊重现有场地，最大限度地扬长避短。然而，再复杂的事情都有规律可循，如果掌握了设计的规律、方法和步骤，都可以化繁而简，势如破竹。

设计过程并非规范，而是多年来由设计师们总结出来的步骤。这些步骤包括通过场地调研分

图1-1　承载着人类文化与使用功能的庭园

析和甲方问卷收集必要的信息，并通过改良场地形成概念化的方案，最终深化成最后的设计方案并选择植物。这个过程包括以下几个主要阶段：

步骤1　前期准备
步骤2　场地调查与分析
步骤3　功能分区
步骤4　构图设计
步骤5　初步方案
步骤6　扩初与施工图设计

步骤1 前 期 准 备

1.1 会见甲方与调查问卷

设计过程一般始于设计师会见甲方。这是一个相互了解的过程，甲方表述需求和愿望，提出问题和预算范围；设计师则会问一些关于甲方的重要信息。这个过程的关键是掌握项目的性质、功能需要以及风格定位，这些信息可以通过面谈来获得，也可以通过调查问卷来统计完成。

以私家庭园为例，我们可以为家庭成员准备一份情况表，家庭成员的情况表提供关于住户的人口数目和成员的其他信息。家庭类型包括双亲俱在的传统家庭、二人世界、三口之家，以及几代合住的大家庭或单亲家庭等，也可能家庭成员中有病人或残障人士这样的特殊人群。内容包括年龄、性别、个人经历、价值观、性情、个性、个人爱好、对私密性的要求、园林风格上的偏好、颜色的喜恶等。另外还要列一张需要保留的庭园物品的清单。

生活方式涉及的因素很多，如是否喜欢在庭园里接待亲友、是否喜爱户外阅读、写作或使用计算机；是否有特殊爱好，如农艺、园艺或者木工工艺；是否在庭园里进行体育运动。选择怎样的娱乐方式；饮食如何准备和享用；是否和父母、祖父母一起住；以怎样的方式度过休闲时间；与孩子们的相处时间多少，以及怎样与孩子们交流——这些都是勘察生活方式时所要考虑的问题。

随着数据资料的不断汇集，甲方园林风格的偏好就会慢慢明了。这其中有园林风格的格调、色彩，甚至是某个历史时期或现代风格的选择。这些个性化的偏好会引导设计师逐步完成设计构想。

[案例分析]

图1-2所示的场地为上海青浦剑兰阁会所的原始基地。

图1-2　上海青浦剑兰阁会所的原始基地

剑兰阁的甲方希望将"禅"的设计理念融入景观设计之中，使会员来到会所后，放下一切、回归本我，会所成为他们心灵放松的加油站。环境尽量低调，但要有一种价值感与精致的品位感。图1-3是设计师搜集的一些体现客户要求及自己设计理念的图片。

图1-4是设计师在设计之初所做的头脑风暴。所谓头脑风暴就是设计师们不拘一格地提出各种想法，这一过程没有对错，大家尽情发挥。例如，可以选择五个最能体现设计思路的词，快速直觉地说出你可能想到的关于所选单词的任何想象。这些想象可能具有明显的品质或是彼此不容易被察觉的微妙关系。收集能代表这五个词语的图片并把它们归纳为不同的组，通过特定的构思来解析这些图片。根据参与设计师人数的多少，这样的单词图片组可以有多种选择。

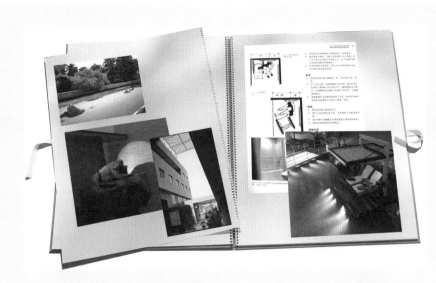

图1-3 设计师搜集的一些体现客户要求及自己设计理念的图片

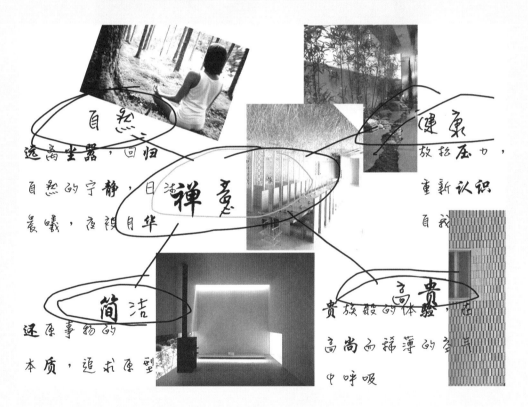

图1-4 设计师在设计之初所做的头脑风暴

另一个需要了解的重要前提条件是甲方的预算。经济上的考虑是设计中最重要的环节之一，因为它会影响到园林效果。没有足够的经济支持，设计只能永远停留在纸上。经济因素掌控着设计中的所有环节——从实地考察、拟定计划、工程实施所需的时间到建筑材料和植物的质量。

1.2 收集资料

实际上，最初的方案一般都是在与甲方的交谈和资料收集阶段慢慢浮现在设计师脑海中的。收集资料的过程就是一个分类、总结和形成思路的过程。

收集资料在设计师探索创意时显得尤为重要，它包含了已知条件和最初的设计构想，让设计师明白各种选择方向的可能性。同时还要记下能激发灵感的任何事物，这些事物很可能会在接下来的工作中发挥决定性的作用。当然并不是所有的资料都有用，但设计的过程就是个不断做加法的过程及其之后不断做减法的过程。我们通常会建议不要在一开始就太严厉拘谨，让你的创意自由运行。

[案例分析]

如图1-5所示，在开始做剑兰阁的景观设计方案时，设计师尽可能多地寻找相关资料和图片：包括相关功能的实例图纸、效果图、完工照片等。根据客户的要求，基本确定了剑兰阁的风格及特点，寻找现代、极简及禅风的背景知识、历史渊源和大量图片，尤其是某些细节的设计。好的设计仿佛生物体一样，任何细节都是整体不可缺少的一部分，利用这些资料往往可以发现你想表达的元素和效果。

图1-5　设计师尽可能多地寻找相关资料和图片

1.3　绘制基地图

任何设计开始之前，必须有表示现存场地条件和特点的基地图。甲方应该提供有关场地的建筑平面、场地测量和地质勘探的信息，这些信息有的是现成的蓝图或者CAD图纸，但有的只是不精确的示意图，这就需要设计师自己测量和绘制基地图。测量基地图有三种常用的方法：

1）直接测量法，就是用尺或电子测距仪直接测量A、B两点间的距离，如图1-6所示。

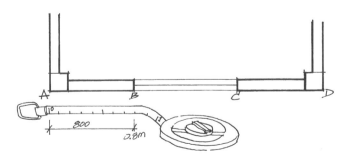

图1-6　直接测量法

2）基线测量法，选择一条基线，并在这条基线上依次读出所需数据。例如，测量一面平面为直线的墙，可以将卷尺沿墙面拉出，放于地上，然后依次读出所有门、窗和窗间墙的尺寸，如图1-7所示。

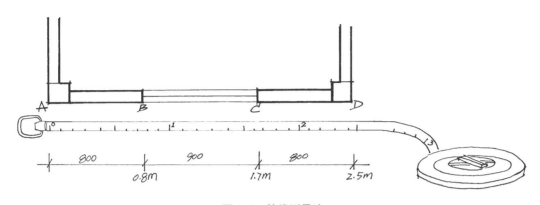

图1-7　基线测量法

用这种方法还可以测量曲线，如要测量如图1-8所示的一面曲墙，就可以先画一条直线 AB，从曲墙的各个定位点（a'、b'、c'……）依次引垂线垂直于 AB 线，交基线于 a、b、c……测量这些垂线到曲墙的距离（aa'、bb'、cc'……），连接 a'、b'、c'……各点，就可以画出曲墙来。

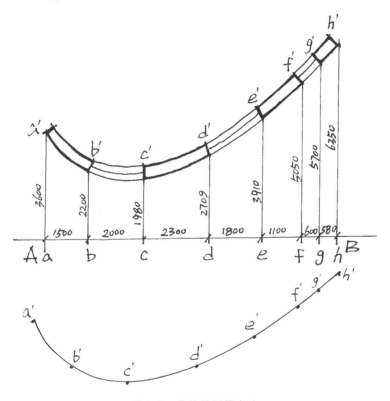

图1-8　曲线的测量方法

3）三角形测量法，这种方法用于测量场地上的点，如一棵树的位置。如图1-9所示，为了测量场地中的树，先在已经定位的建筑上取两个点 A、B，分别测量这两个点到树干的距离。利用圆规，分别以 A 和 B 点为圆心，以这两点到树的距离为半径画圆，圆弧相交的点就是树的位置。

图1-9所示为周先生花园的基地图，图中绘制出设计范围、别墅的建筑平面以及需要保留的植物。此外还要注意，测量树的时候要测量树冠的直径，这样才能画出尽可能准确的基地图。

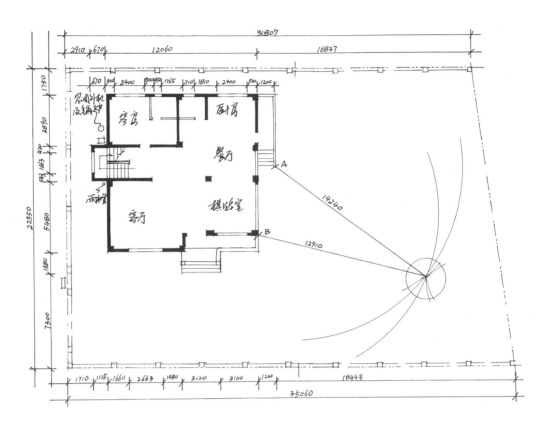

图 1-9 周先生花园的基地图

步骤 2 场地调查与分析

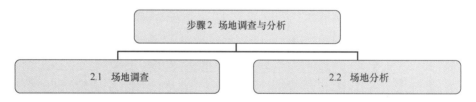

从这一阶段开始，直到方案定稿，所有图纸都绘制在草图纸或硫酸纸上。因为所有草图的绘制都要以前一张草图为基础或依据，而描图纸的半透明性使这一过程变得简便，只要将空白描图纸覆盖在上一张草图上即可。例如，场地调查图的绘制就需要将纸覆盖在刚画好的基地图上。

开始这一进程前必须明白场地调查与分析是两个不同的阶段。场地调查是对场地现状和信息的收集。它包括识别和记录地理位置、尺寸、建筑材料和场地现存元素（如墙、顶棚、柱子、梁、门窗，如果是改造项目还要记录庭园的现状）。场地调查还要记录场地的其他方面，诸如建筑环境、建筑类型、公共设施的位置、常规风向、日照和阴影的形式、重要的户外视野等。换句话说，场地调查就是数据采集。

另一方面，场地分析是对场地调查信息的评估。场地分析要判断这些数据并确定如何在设计方案中回应这些条件。例如，哪些景观需要遮挡？哪些景观需要借景，为什么？西晒如何影响台阶的设计？哪些植物要保留在设计方案中，为什么？

2.1 场地调查

在设计师形成自己的设计创意之前，需要对场地环境有一个了解。场地调查包括对现场的实地勘察，复查建筑尺寸。这其中要对环境及某些特殊空间予以关注，也要将场地存在的问题标注出来。在进行现场调查时，设计师主要的研究工具就是用来观察的眼睛。

[案例分析]

图1-10是设计师对剑兰阁会所场地考察后所做的一些笔记，内容包括：建筑物与周围建筑的关系是否和谐？它对周围建筑风格有影响吗？如果有，是什么样的影响？它运作得好吗？建筑物的功能是什么？有没有什么有趣的特征足以影响人们对建筑物的感觉和体验？周围是否有一条繁忙的街道、一条河流、一个公园或者一个市场……

图1-10 设计师对剑兰阁会所场地考察后所做的一些笔记

有了照片和笔记还不够，最好将所有的信息汇总到之前绘制的基地平面图上。这一步看起来既费时，又重复，但实际上对接下来的方案设计起着重要的参考作用。图1-11为针对周先生花园所做的场地调查图。通常来说概念草图对概念平面十分有用，这里面没有所谓的对或错的图示符号，如果发明自己的符号还可以节省时间。

从图中不难看出，场地分析包含了如下几方面的内容：

1. 场地位置（图1-12）

1）确定周围土地的用途和状况，是居住小区、商业广场、娱乐设施还是教育机构等。此外还要了解这些相邻用地的维护状况如何。

2）确认地区的特征。设计师可能需要去查阅一下场地所处的区域有什么历史沿革，这块土地上的建筑风格和建造时期。例如，是不是坐落于某个名胜古迹区或者废弃的工业区？是处于林地、郊区，还是正在建设的开发区？周围环境是整洁而友好，还是杂乱冷清……除了人文环境和建筑环境，该地区的植被状况也需要做一个调查，了解这里的现有植物的品种以及成熟状况。

3）确定地区中的交通。场地中街道的类型是什么？是城市主干道、次干道、单行道、双行道还是死胡同？交通噪声如何？一天中噪声的强度会变化吗？如果变化，什么时候变化？了解了周围的交通状

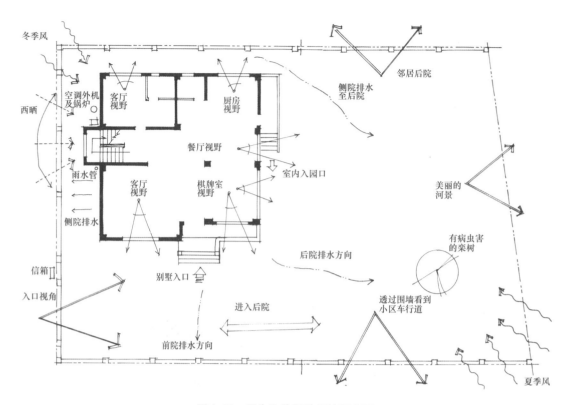

图 1-11　周先生花园的场地调查图

图 1-12　确定场地位置

况，接下来还要调查到达场地的主要途径是什么？是不是不止一个途径？哪条路最常用？第一眼看到的场地是哪里？

2. 地形（图 1-13）

1）确定场地不同区域的坡度。

2）确定水土侵蚀或排水不好的潜在地区。

3）确定室内外高差：室内立面完成地面和室外房屋地基周围的标高，特别是门口部位。

4）确定场地中不同区域便于行走的部分（这部分也要确定相关坡度）。

5）确定现存台阶、墙体、栅栏等的顶部和底部的立面高差。

3. 排水系统（图1-14）

图1-13 确定场地地形　　　　　　　　　　图1-14 确定排水系统

1）确定地表排水的方向。排水是从房子流向四边吗？水从雨水管流出后流向哪里？

2）确定积水点或积水面。位于哪里？会积多久？

3）确定进出场地的排水系统。场外的地表水会排向场地吗？会有多少？什么时候？在哪里？当水流出场地会流向哪里？

4. 土壤（图1-15）

1）确定土壤特征（酸碱度、沙土、黏土、沙砾等）。

2）确定表土层深度。

3）确定基岩深度。

5. 植被（图1-16）

识别和定位现存植物：如植物种类、大小（胸径、树冠直径、树木总高度和地面到树冠的高度）等。

6. 小气候

1）该场地一年中不同季节一天里照射阳光最多和阴影最多的区域。

2）夏日西晒的区域和不受西晒的区域。

3）冬日阳光的照射区。

4）一年四季的主要风向，找出场地中受到夏日微风吹拂的区域和不受影响的区域；确定场地中受到冬日寒风凌虐的区域和不受影响的区域。图1-17是在绘制场地调查图中常用的表示风的方法。

5）冬天冻土深度。

图1-15 收集土壤信息

图1-16 识别和定位现存植物

7. 现有房屋（图1-18）

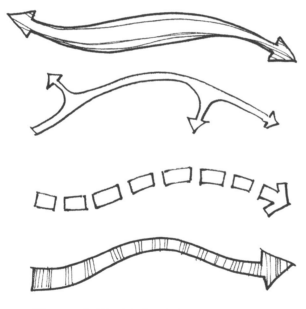

图1-17 绘制场地调查图中常用的表示风的方法

图1-18 确定现有建筑的特性

1）房屋类型和建筑风格。

2）房屋立面材料的色彩和质感。

3）门窗的位置、开启方向和使用频率，以及底面（窗台或门槛的）和顶面的标高。

4）调查室内房间的功能以及哪些房间使用率最高。

5）定位地下室的窗和它们的地下深度。

6）定位室外元素的位置，如落水管、水龙头、插座、灯具、电表、煤气表、烘干机出口、空调室外机等。

7）定位并确定现有步道、台阶、踏步、墙、栅栏、泳池等的状况与材料。

8. 视野

留意从场地的各个角度望向场外的视野。不同季节景观是否有所不同？不同房间望向室外的视野是什么？从场外望向场地的视野是什么？图 1-19 是在绘制场地调查图中常用的表示视野的方法。

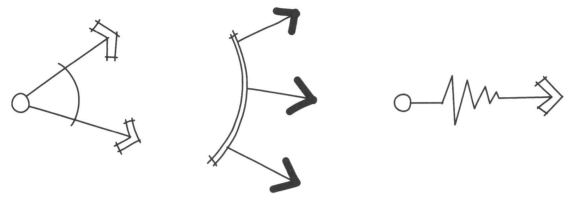

图 1-19　绘制场地调查图中常用的表示视野的方法

2.2　场地分析

场地分析的目的是识别所有在场地调查中所记录的重要的场地条件，确定这些因素可能怎样影响最终的设计方案。在场地分析中，设计师要尽可能地熟悉场地，之后才能设计出一个适应特定场地的方案。

按道理场地调查应该在场地分析之前，因为做判断之前要搜集实际信息。但事实上两个步骤经常是重叠进行的，特别是有经验的设计师，他可以对不同的场地状况本能而快速地想出对策。图 1-20 就是针对前面周先生花园的场地调查所做的简单分析。

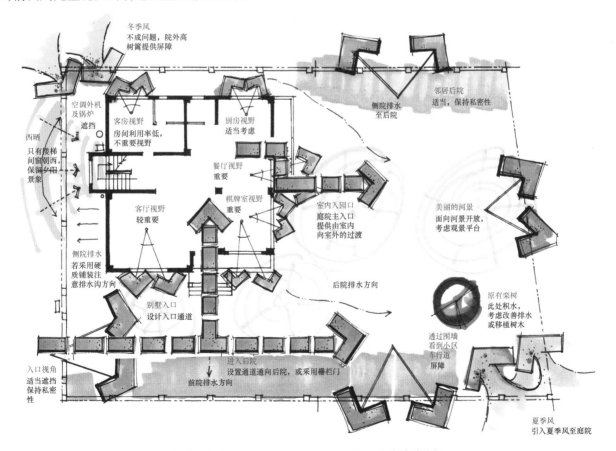

图 1-20　针对周先生花园的场地调查所做的简单分析

步骤3 功能分区

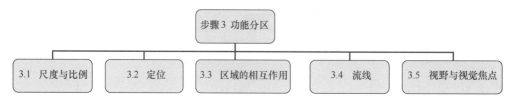

功能分区可能是设计过程最困难、需要考虑得最多的阶段。功能分区图就是通过手绘的图形符号把需要设计的所有空间和元素都放在场地中，如图1-21所示。

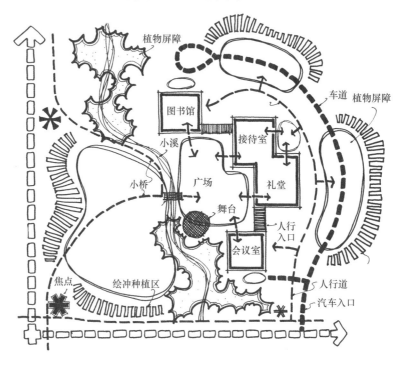

图1-21 功能分区图

这个阶段不需要制图工具（丁字尺、三角板、模板等），因为所有的图形都要徒手绘制。一般来说，符号用以表示建筑的大致位置、活动或使用区、人行流线和车行流线、屏障、焦点景观。功能分区也叫布局，它参考的依据就是之前绘制的场地分析图。这是设计过程中十分理性的一步，布局的时候需要均衡地处理所有设计要素。如果你感到无所适从，不妨仔细阅读以下步骤，将下面的五个要点当作导航仪，按部就班完成功能分区图的绘制。

1. 尺度与比例
2. 定位
3. 区域的相互作用
4. 流线
5. 视野与视觉焦点

3.1 尺度与比例

绘制功能分区图，设计师首先要知道设计中所需空间与要素的大致尺度。决定了必要的尺度后，就要将所有需要绘制的内容以泡泡图（卵状的气泡）的形式徒手绘制在一张空白的纸上。泡泡图的比例和尺度要和基地图相同。一个数字有时很难理解空间的尺度比例，例如 9m² 的面积只有按一定比例手绘成泡泡图，设计师才会更清楚地明白这个平面到底有多大，如图 1-22 所示。

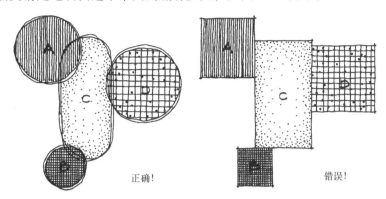

图 1-22 绘制泡泡图尽量采用松散的气泡形状

3.2 定位

了解了空间的尺度后，就需要将这些空间放置在基地平面图中，而放在哪里则要借助于场地分析图。在场地分析图的基础上，设计师在功能分区的时候更容易记住场地的要素。空间和要素的位置要基于功能关系、可用空间和场地条件而定。

1. 功能关系

每一个空间和要素定位的时候都要与相邻的空间要素相协调。例如，生活娱乐空间常常与室内起居空间相连；它的西边可能需要适当遮挡来抵御西晒；户外厨房和用餐区往往靠近室内厨房，而绝对不会放置在前门处，等等。

2. 空间大小

决定哪里要放置不同的功能要素还要看空间的大小。每个空间都必须适合所选的位置。如果对于场地中的特定区域来说所需的空间太大了，问题也随之而来。这种情况就需要重新进行功能分区，或者减少空间要素的所需尺寸，或者从设计中去掉这个空间要素。

3. 现存场地条件

每一个空间元素定位的时候都要与现存的场地条件和场地分析恰当地联系起来。还以室外起居娱乐空间为例，布局的时候最好考虑将它放置在树荫下，面对引人入胜的场景，并可以直通室内。

3.3 区域的相互作用

功能分区不仅仅将空间放置在基地图里，还要考虑空间与空间之间的相互关系。举个例子，图 1-23 左图的空间可以分为右图的 A 聚谈区、B 休息区和 C 日光浴区，这三个区域的功能都属于生活起居，因此需要放置在一起，使它们既有联系，又各自独立。

不仅仅空间需要分区，不同种类的植物分区也要在这一阶段完成。如图 1-24 左图的植被被分为 TR 露台、T 高灌木、M 中等大小灌木、L 矮灌木、GC 地被和 F 花圃。

区域的相互作用还表现在"边缘处理"上，因为一个空间的外边缘可以由不同的方式形成。可以由地面材料的不同而界定，也可以是坡度或立面高差、植物、墙、篱笆或建筑物。相应的空间边缘也因边缘限定的程度不同（透明度）而有不同的特征。这样功能分区泡泡图的轮廓线也可以更详细地用不同线型表示各种特定的限定程度。

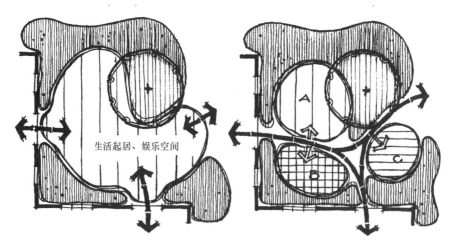

图1-23　区域间的相互作用与细分

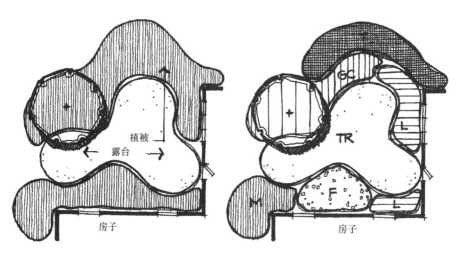

图1-24　植物的进一步细分

透明度指的是空间边缘的围合程度，它影响了空间的可见度。三种形式的透明度表现方法见图1-25，从左到右依次为封闭边缘（不透明）、半封闭边缘（半透明）、开敞边缘（透明）。

图1-25　三种形式的透明度表现方法

a）封闭边缘（不透明）　b）半封闭边缘（半透明）　c）开敞边缘（透明）

除了确切的区域，在功能分区图中还要表示出"屏障"来。屏障一般指栅栏、树篱、防护林或树林、墙、噪声屏障、悬崖、堤岸、森林边缘等生态景观边缘。这些屏障的常用表示方法见图1-26。

3.4　流线

流线是指场地中的各种动线，如车流、人流、出入口、视野、水流等。最常用的流线是人的行进路线，简称人流，表示游园者从空间入口开始穿过各个空间的概括动线。入口和出口的位置可以在需要的位置用简单的箭头来表示，箭头指的是移动的方向。设计师之后将会研究这些规划的连续流线来决定最主要的道路（图1-27）。

流线的等级（强度）是表示流动路线频率和重要程度的指标。最常用的流线等级是主流线和次流线。见图1-28，左边一列表示次要流线，如庭园中的次级道路；右边一列表示主要流线。

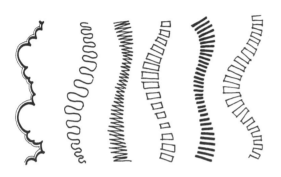

图 1-26　功能分区中屏障的表示方法

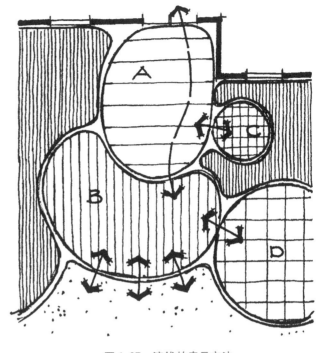

图 1-27　流线的表示方法

　　流线不只是简单地穿过区域，如何穿过也大有文章可做。如图 1-29 中说明了四种穿过区域的方式。从左至右，第一种贯穿区域，园区被平均分成两部分，每个部分同等重要，同时也是最短的流线；第二种贴边穿过区域，保证了园区最大使用面积，功能不会被打搅；第三种类似抄近道，可以快速达到隔壁区域，但却无法进入园区的大部分地区，这种做法的目的是先抑后扬，之后还会设计其他通道进入该区域。最后一种是漫游流线，在漫游的过程中，尽赏园中美景。

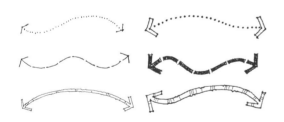

图 1-28　流线的等级

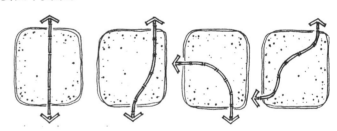

图 1-29　四种穿过区域的方式

3.5　视野与视觉焦点

　　空间中特定点能看到什么、看不到什么在设计的总体组织和感受中至关重要，因此绘制功能分区图的时候设计师要重点考虑主要空间所面对的最重要的视野。焦点景观是能让游园的人视线聚焦在这里的特殊景观，是相对于周围环境的独特视觉重点或要素，如一棵饱经风霜的老树、一处水景、引人入胜的春花、一座雕塑或一棵大树。视觉焦点可以指向一点，也可以指向一个场地。刚刚讲过的流线不能单独设计，必须和视野、焦点景观共同考虑。图 1-30 左图的三个视觉焦点被放置在一目了然的地方，开门见山，游人基本上产生不了进入该区域的兴致。而右图的三个焦点景观需要游人慢慢发现，不经意间游遍整个区域。

　　注意，焦点景观不能过度使用。让焦点景观在场地中散落得到处都是，这样做只会创造一个混乱的景象，让眼睛目不暇接。图 1-31 和图 1-32 显示了几种视觉焦点和视线的表示方法。

庭园景观设计

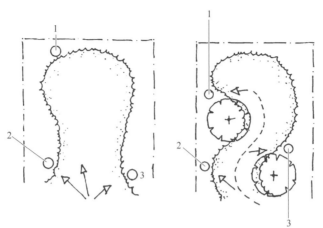

图1-30　流线与视觉焦点的设计
1、2、3—视觉焦点

图1-31　功能分区图中视觉焦点的表示方法　　　　图1-32　功能分区图中视线的表示方法

除了以上内容，在功能分区这个阶段设计师应该开始考虑场地平面的三维效果了（区域的高差）。你可能需要考虑：这个区域是不是要从草坪区升起来直抵户外娱乐区？还是这两个区域保持相同的标高？如果高度不同，应该差多少？

图1-33为在图1-20的场地分析的基础上所做的功能分区图。

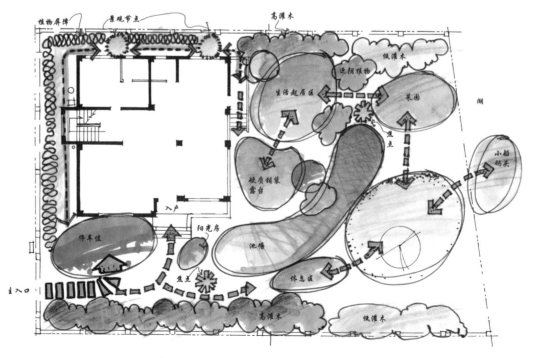

图1-33　周先生花园的功能分区图

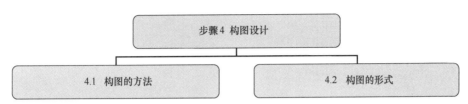

步骤4 构图设计

构图设计是方案设计中最重要的环节，它确定景观方案的形式，所有的材料和细部处理都得依附于这一形式中。

4.1 构图的方法

在进行构图设计之前，可先学习一下基本设计原理和庭园的风格（见本书模块二和模块三），这些设计原理有助于设计师设计出一个令人视觉愉悦的设计方案。在这一过程中，那些代表概念的松散圆圈和箭头将变成具体的形状，从而形成景观空间和精确的边缘。因此，构图设计研究的是所有二维边缘和线条的确切定位，设计师早先在功能分区图中用大致的空间轮廓限定过，这一步就是开始建立一个可视的样式或设计主题。

构图设计的时候，需要用一张拷贝纸罩在之前供选择的功能分区图上，以开始研究最初的平面方案，这样一来就能直接从功能分区过渡到构图设计阶段，如图1-34所示。从概念到形式的跳跃是一个再修改的组织过程，有的案例中随着设计师对方案的理解更加完善和精细，最初的功能分区图在构图设计中可能会完全改变。

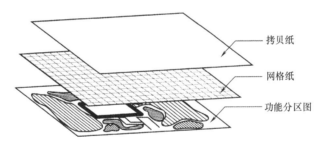

拷贝纸

网格纸

功能分区图

图1-34 构图设计的准备工作

为了让初学者有章可循，设计理论家研究了历史上所有经典园林设计作品，并总结出其中的构图规律。这一规律就是通过简单的几何形构筑复杂的景观空间。最常用的几何形构图有以下几种：

1）矩形构图（90°角）。

2）圆弧与切线构图。

3）八边形构图（45°角和135°角）。

4）六边形构图（60°角和120°角）。

5）同心圆构图。

6）多圆心圆形构图。

7）椭圆形构图。

8）多角度构图。

9）自由曲线构图。

同一个功能分区可以用以上构图方法衍生出多个方案，如图1-35所示。图1-34中的网格纸的作用就是让设计师在使用几何形构图时能够准确地定位图形对象，能够精确地改变图形对象的大小。

图 1-35　相同的功能分区可能有多种不同的构图设计

4.2　构图的形式

三张纸叠加在一起的时候，功能分区图要固定不动，而网格纸可以到处移动或者更换不同的网格纸。一个设计方案的构图可能不是唯一的，它可以既包含矩形构图，又同时包含圆形构图和自由曲线构图。初学者可以从一种构图开始，慢慢学会使用不同构图而形成和谐统一的方案。下面就具体讲一下这些构图。

1. 矩形构图（90°角）

矩形构图虽然最为简单，但绝不是只有初学者才能用。很多经典的庭园用的正是矩形构图。首先，让我们来制作一张矩形构图的网格纸，如图 1-36 所示，这张纸的网格可以手绘，也可以用计算机软件绘制后打印在硫酸纸上（所有的网格纸绘制都是如此，后面不再赘述）。

图 1-37 所示的左图为功能分区图，右图为初步方案图。仔细对比不难发现，右图确定的形体代替了左图的气泡；台阶和园路代替了左图的箭头和虚线；水池代替了米字符号；墙体代替了左图的弹簧线。而形式的确定则离不开网格纸的功劳。

图 1-38 中的景观采用了矩形构图。

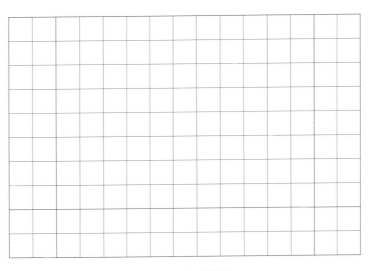

图 1-36　矩形网格

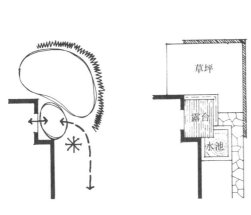

图 1-37　根据功能分区图所做的矩形构图

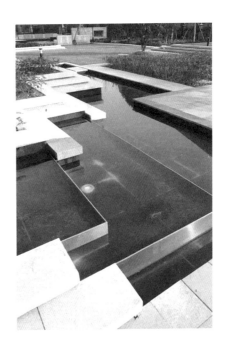

图 1-38　矩形构图的景观作品

2. 圆弧与切线构图

矩形构图有的时候过于生硬，尤其是与自然形态的植物衔接的时候有所冲突。如果将矩形的转角变为切圆，构图则会呈现出一种充满智慧的柔和感。切圆并不只是在转角出现，还可以用大小与矩形相当的半圆或四分之一圆，圆形和矩形用相切的方式连接，这样就巧妙地融合了直线与曲线，增加构图的可变性。这种构图的网格纸可以仍旧使用矩形网格纸。

图 1-39 中采用了和图 1-37 一样的功能分区图进行设计，景观采用了圆弧与切线构图。露台和水池都采用矩形与其内切圆相组合的形式，草坪的转角也做了切圆处理。由于主体采用了这种构图，周围的其他元素也要进行相应的调整。例如，为了呼应水池的 1/4 圆，园路在水池尽端扩大，与其切线垂直相交。而草坪边缘的屏障也由围墙改为树篱。

图 1-40 ~ 图 1-43 显示了更多的圆弧与切线构图的方案。

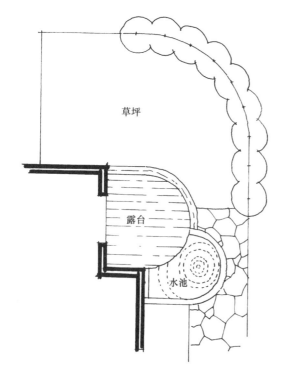

草坪

露台

水池

图1-39 采用图1-37所示的功能分区图
所做的圆形与切线构图

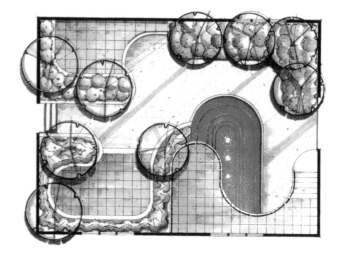

图1-40 圆弧与切线构图的方案（一）

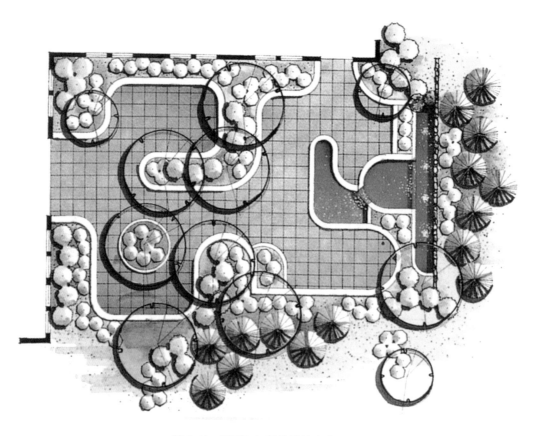

图1-41 圆弧与切线构图的方案（二）

图 1-42　圆弧与切线构图的方案（三）

图 1-43　圆弧与切线构图的实例

3. 八边形构图（45°角和135°角）

人的心中会下意识地形成一个坐标，感受水平与垂直的轴线，因此水平与垂直往往形成静态构图。而当这个轴线出现倾斜的时候，则会给人以新鲜感与好奇心，形成动态构图。如果我们在图1-36所示的矩形网格上加绘对角线，则形成了如图1-44所示的八边形网格。不难发现，正方形的对角线与水平或垂直线形成了45°和135°的夹角。因此所谓八边形构图仅仅是因为正八边形的每个角都是135°，并不需要在设计中真正出现完整的正八边形。

图1-44 八边形网格

用此网格设计图1-37的功能分区，于是得出图1-45的八边形构图设计。为了强调对角线，形成韵律感，露台、水池、草坪和园路也变为135°的形式。

图1-46~图1-48显示了更多的八边形构图的方案。

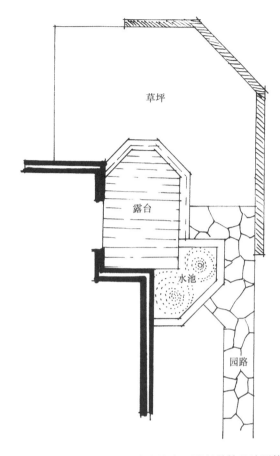

图 1-45 采用图 1-37 所示的功能分区图所做的八边形构图

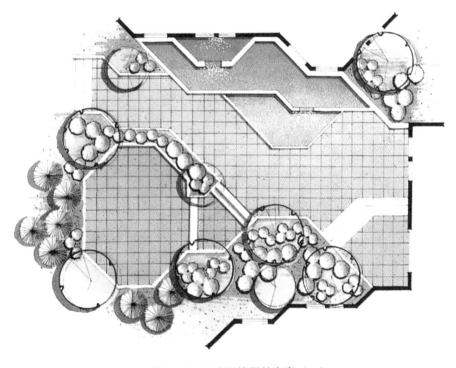

图 1-46 八边形构图的方案（一）

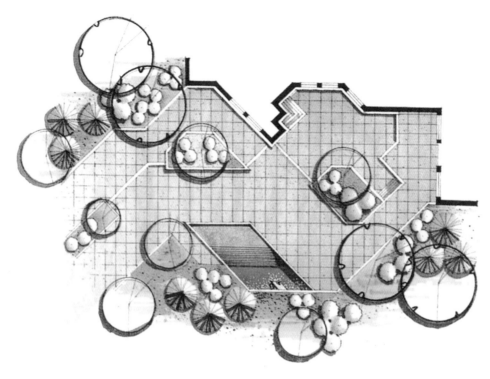

图 1-47   八边形构图的方案（二）

图 1-48   八边形构图的方案（三）

4. 六边形构图（60°角和120°角）

和八边形类似，所谓六边形也是沿用了正六边形120°的内角，并不需要在设计中出现完整的正六边形。图1-49所示是六边形网格。它和八边形网格还有另外一个作用，除了暗示斜线之外，还可以进行同心多边形的设计。同心设计的手法将在"同心圆构图"中讲解。

图 1-49　六边形网格

图 1-50 所示的区域都按照六边形网格赋予了形状。这里面要特别注意功能分区中的流线如何转变为真实的通道。例如，图中的虚线变成了边界明确的木栈道；为突出砖砌露台，将其设定为完整的正六边形，露台与木栈道之间设置一条卵石小道用以健身；再有，通向木平台的三个箭头转化为三个方向的台阶，成为连接高平台和园路的节点，设计得十分巧妙。

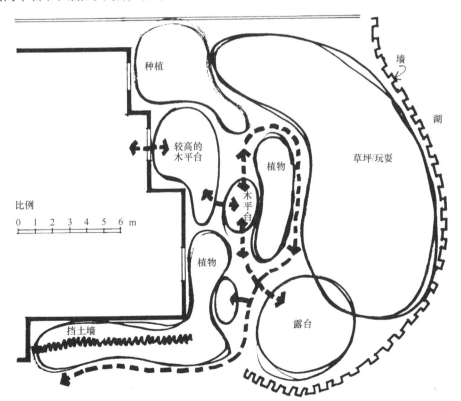

图 1-50　根据功能分区图所做的六边形构图设计

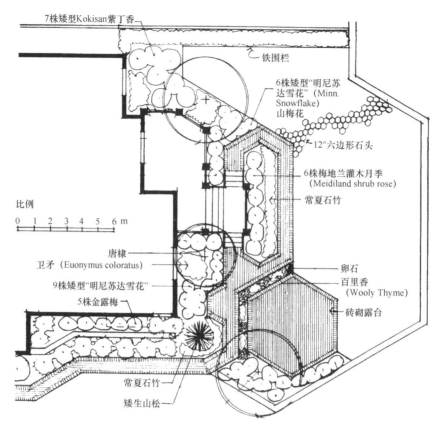

图 1-50　根据功能分区图所做的六边形构图设计（续）

图 1-51 为六边形构图的实例。

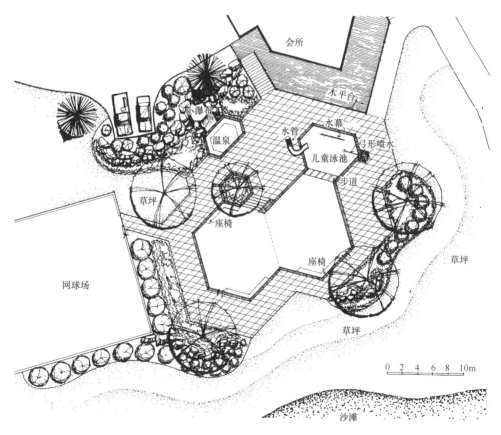

图 1-51　六边形构图的设计

5. 同心圆构图

同心圆的构图适用于集中式的构图，因为层层相套的圆形加强了圆心的向心性。同心圆构图可以采用图 1-52 所示的网格纸，也可以将网格纸换成圆规。因为直线系的网格纸可以肆意移动以符合基地图的特殊环境，而圆形网格纸的圆心和半径是固定的（图 1-53），无法随便移动，因此可能并不适用于所有的基地。

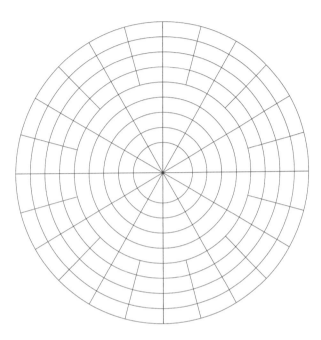

图 1-52　同心圆网格纸

图 1-54 的同心圆构图来自于图 1-53 所示的功能分区。从中看出，每一层同心圆只利用了一段弧线而已，这种手法可以让设计既丰富多变，又万变不离圆心，具有强烈而理性的统一感和组织性。

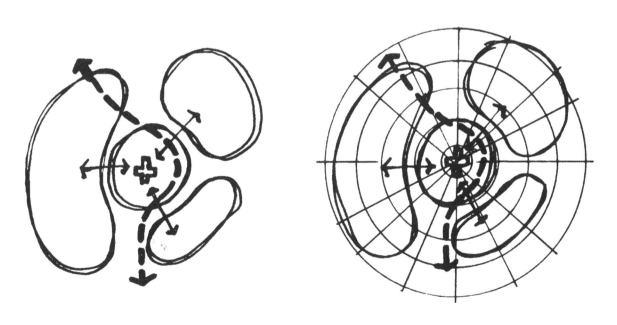

图 1-53　功能分区图与同心圆网格

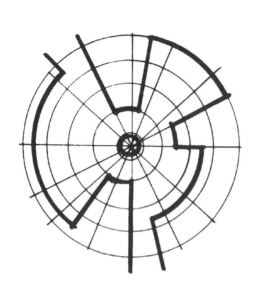 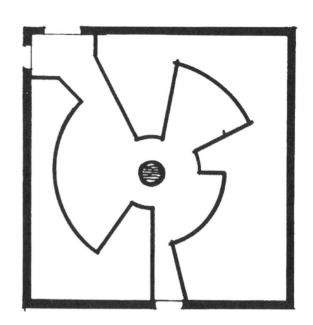

图 1-54　根据功能分区所做的同心圆构图

图 1-55 ~ 图 1-57 显示了更多的同心圆构图方案。

图 1-55　同心圆构图方案（一）

图 1-56 同心圆构图方案（二）

图 1-57 同心圆构图方案（三）

图 1-58 为同心圆构图的景观实例。

图 1-58　同心圆构图的景观

6. 多圆心圆形构图

多圆组合的基本模式是不同尺度的圆相套或相交，这种构图不需要任何网格纸，但需要圆规和圆模板。做圆形构图的时候，圆的大小要和功能分区中气泡的大小相当，如图 1-59 所示。

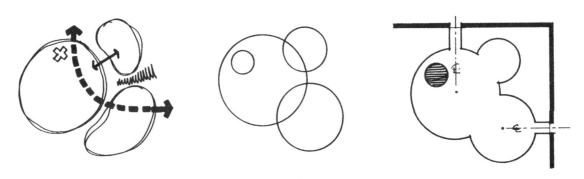

图 1-59　根据功能分区所做的多圆心圆形构图

这里特别提醒注意的是，当几个圆相交时，最好保证相交的弧线近似垂直。之后擦掉不需要的部分，这里"不需要部分"不等于"叠加部分"，因为有时候两个圆的重叠部分可以形成另一个区域或者可以作为台阶。

两圆相交时不仅要避免锐角，还要避免相切圆。图 1-60 中的左图显示出好的多圆组合方式，圆弧大致垂直相交；而右图则是不好的组合方式，这种组合形成了太多的锐角，给使用带来不便。

图 1-61 ~ 图 1-63 显示了更多的多圆心圆形构图的方案。

图 1-64 为多圆心圆形构图的景观实例。

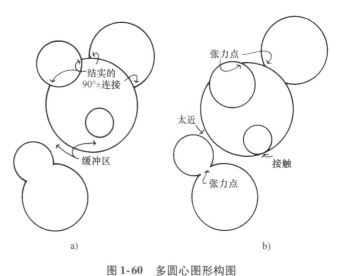

图 1-60　多圆心图形构图
a）圆弧组合大致垂直相交　b）圆弧组合形成了太多的锐角

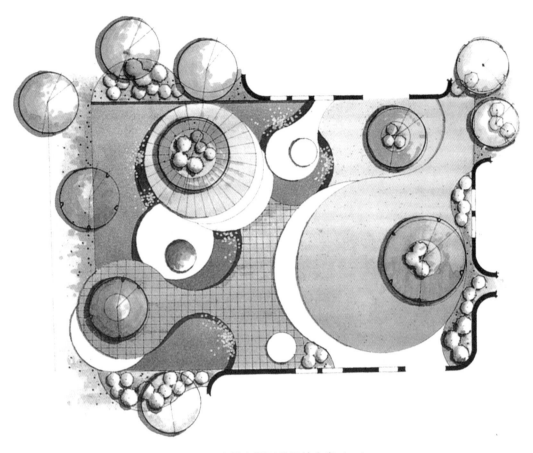

图1-61　多圆心圆形构图的方案（一）

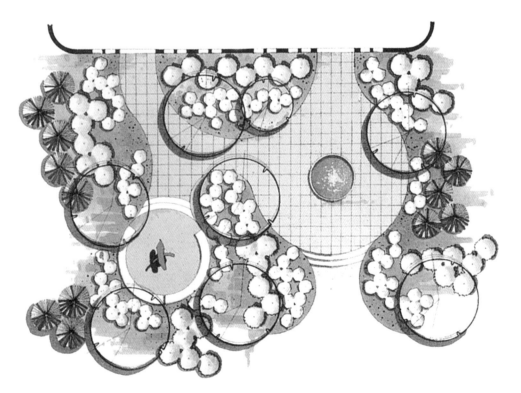

图1-62　多圆心圆形构图的方案（二）

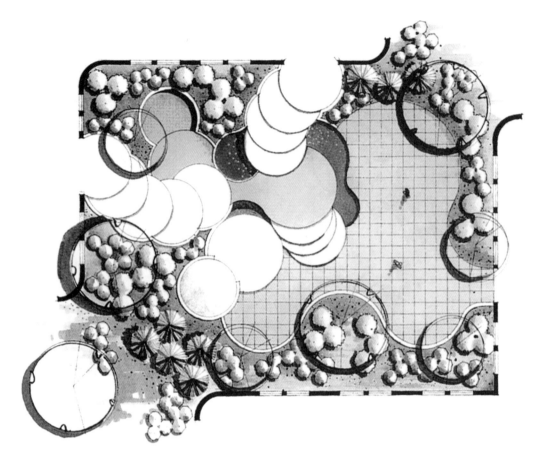

图 1-63　多圆心圆形构图的方案（三）

7. 椭圆形构图

无论是多个椭圆还是相套的椭圆，构图原则和圆形构图是一致的。但圆形的张力是所有方向相等，而椭圆的张力则集中在长轴方向。因此椭圆的长轴经常作为景观构图的主轴线，现代设计中这个主轴线还常常故意进行旋转，而产生戏剧化的效果。此外，由于椭圆同时具有圆形和矩形的特性，因此在实际项目中很少单独使用，经常与圆形或矩形的构图组合使用。图 1-65 中椭圆作为整体造型而统帅一切，而贯穿其中的过道将其不均等地分割成两部分。

图 1-66 为椭圆形构图的设计方案。

8. 多角度构图

最后的两种构图都不需要网格纸，也是比较难掌握的构图形式。为了更理性地设计多角度构图，可以先将功能分区进行矩形构图设计，然后将矩形变为不规则的形式。

图 1-64　多圆心圆形构图的景观

图 1-67 所示依旧是之前遇到的周先生花园，根据功能分区图与矩形网格纸，现将其设计为矩形构图。之后将矩形变为不规则的多边形（图 1-68）。

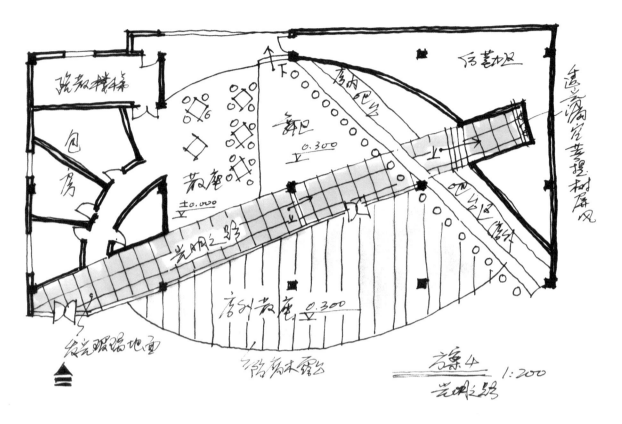

图 1-65　椭圆形构图的设计方案（一）

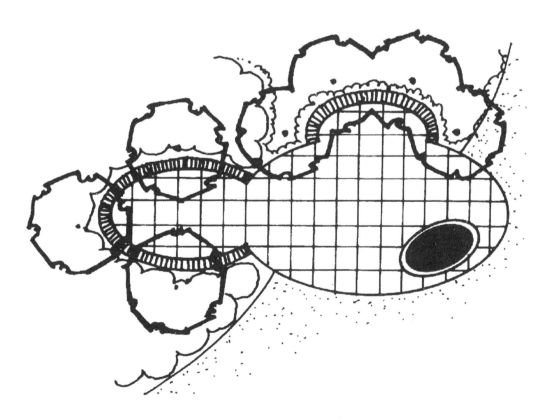

图 1-66　椭圆形构图的设计方案（二）

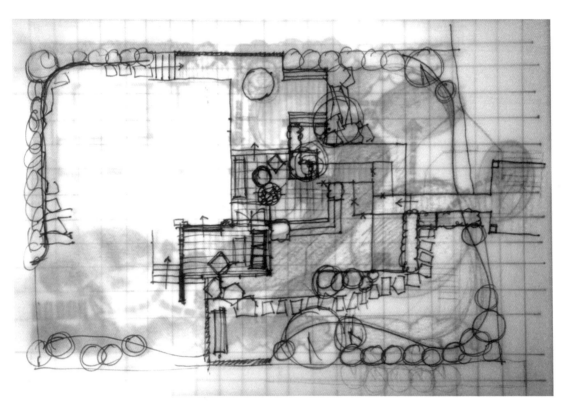

图 1-67　根据功能分区图与矩形网格纸，将周先生花园设计为矩形构图

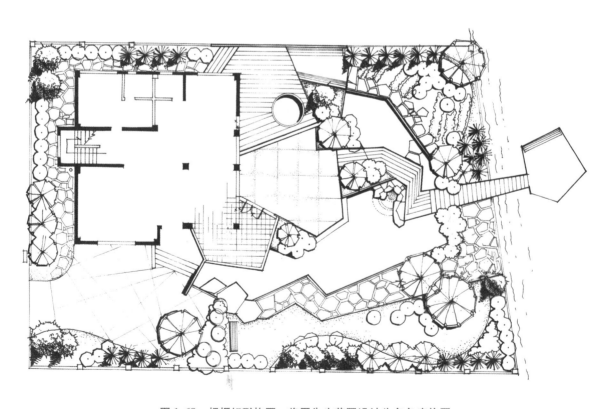

图 1-68　根据矩形构图，将周先生花园设计为多角度构图

图 1-69 ~ 图 1-71 显示了更多的多角度构图的方案。

图 1-72 为多角度构图的景观实例。

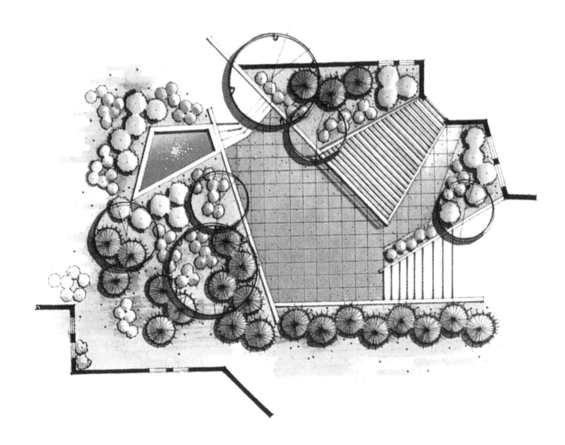

图 1-69　多角度构图的方案（一）

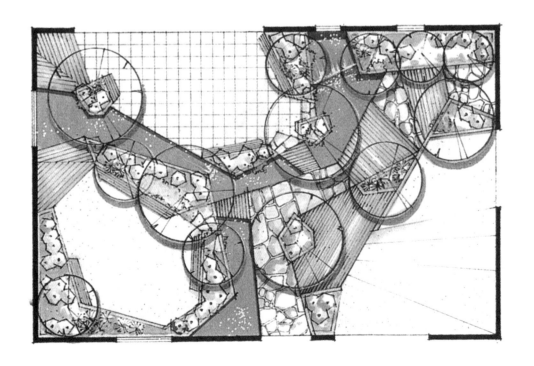

图 1-70　多角度构图的方案（二）

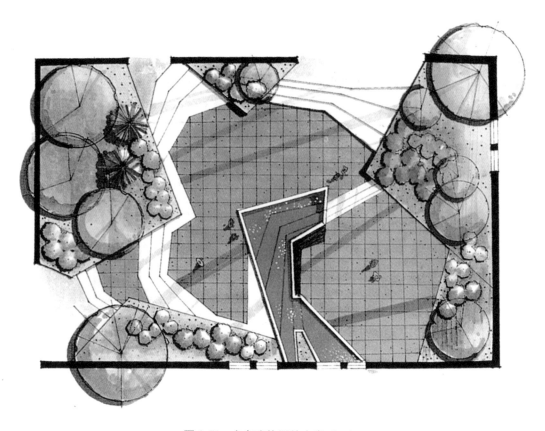

图 1-71　多角度构图的方案（三）

图 1-72　多角度构图的景观

9. 自由曲线构图

和多角度构图类似，自由曲线构图也可以用多圆心构图进行转化。当然这只是初学者的简化算法，一个成熟的设计师不需要任何转化。因为不同构图的设计思路是不同的，转化可能会导致作品的僵化。而转化的优点则是可以避免出现十分糟糕的作品。如图 1-73 所示，绘制自由曲线的时候要注意曲线的张力（图 a），不要设计一条软绵绵、不知所云的曲线（图 b）。

这种构图的例子随处可见，中国的古典园林采用的都是不规则的自由曲线。图 1-74 为自由曲线构图的景观实例。

以上所有的构图形式都需要进行大量的练习后才能做到游刃有余，尤其是当它们进行组合运用的时候。图 1-75 将各种构图组合在一起而不觉得凌乱，是因为在组合中最大限度地尊重了每种构图的特点，避免冲突，各种形式的张力点没有冲突而相互抵消。虽然这张图是为了演示而画，但采用各种构图形式组合的确可以设计出协调统一的方案，如图 1-76 所示。

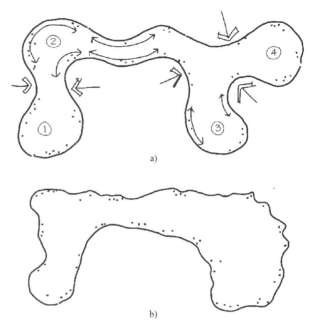

图 1-73　自由曲线构图
a）有张力的曲线　b）不知所云的曲线

图 1-74　自由曲线构图的景观

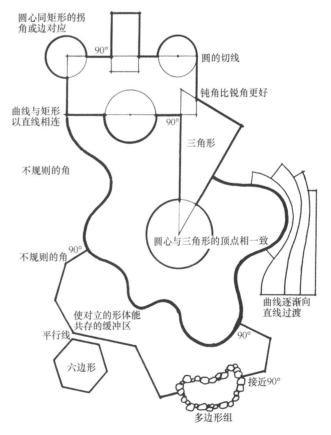

图 1-75　各种构图组合在一起

45

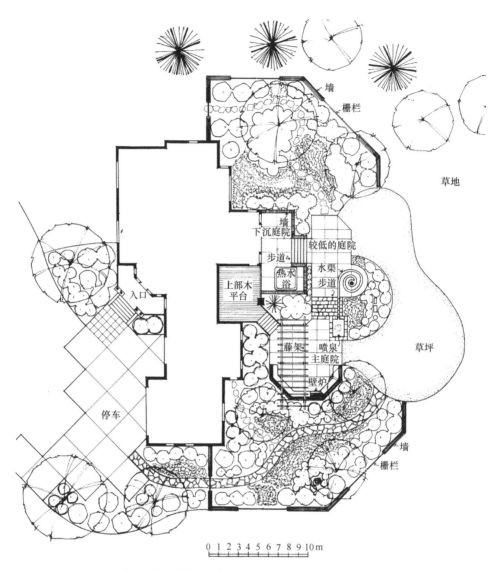

图 1-76　采用各种构图形式组合出协调统一的方案

步骤5 初步方案

构图设计之后就要进行初步方案设计。一般来说，在校学生的设计深度基本上就到此为止。之后的深化和施工图设计多是在公司中接触实际项目时完成。图1-77中的两张图显示了方案设计与深化设计的不同。图1-78为美国SWA景观设计事务所设计的上海虹桥协信中心综合利用项目方案平面图。

真正决定设计方案大方向的步骤已经在构图设计的过程中完成了，接下来就是细化和确定材料。同时，这也是基于平面形式构成到三维空间构成的过程。图1-79中所示的小景，如果看平面可能看不出有

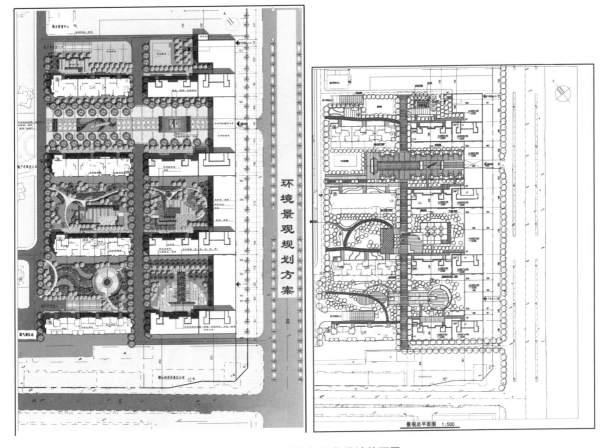

图 1-77　方案设计与深化设计的不同

什么独特，但这里却隐藏着复杂的空间构成。在这一步中设计师要运用高差（地形）、植物、墙（栅栏）、台阶、头顶上的结构等来形成整体环境。

5.1　平面图

方案设计这个复杂而细致的工作是否也有章可循呢？下面就将这个过程进行简化和拆分，一步步讲解。就像画功能分区图一样，方案设计的创意也是由软铅笔徒手绘制在拷贝纸上的。方案图可能需要绘制很多张，通过拷贝纸的半透明性，一层层修改，直至满意。之后再用一张新的描图纸仔细地描绘确定的方案，这个确定的方案最好使用工具绘制。在学校中，方案图也常常画在绘图白卡纸上。通常方案设计应包含下列各项：

1）基地范围线和相邻的街道。

2）建筑外墙，包括门和窗。不必绘制出室内家具与布局，只标明建筑物内不同房间的名称即可。

3）剖切符号，它是表示图样中剖视位置的符号，剖视的剖切符号应由剖切位置线及投射方向线（看线）组成，均应以粗实线绘制。剖切位置线的长度宜为 6~10mm；投射方向线（看线）应垂直于剖切位置线，长度应短于剖切位置线，宜为 4~6mm。绘制时，剖视的剖切符号不应与其他图线相接触。剖视剖切符号的编号宜采用阿拉伯数字，按顺序由左至右，由下至上连续编排，并应注写在剖视方向线的端部。

4）用正确的图示和质感绘制出所有的设计元素（元素绘制方法详见模块四）。

① 铺地材料。

② 墙、篱笆、台阶、头顶的结构或其他结构。

③ 植物，乔木应该一棵棵绘制，灌木可以画成一团。

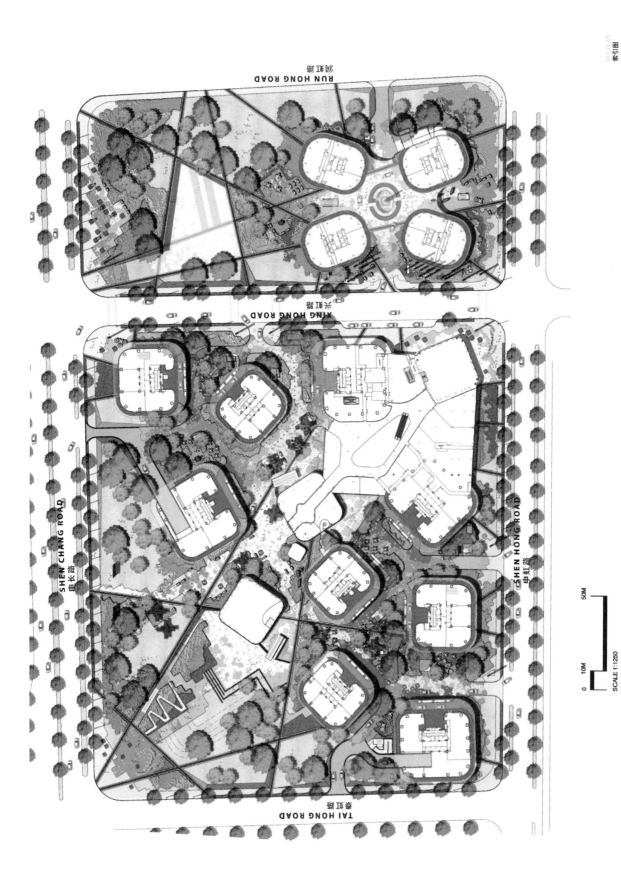

图 1-78 美国 SWA 景观设计事务所所设计的上海虹桥协信中心综合利用项目方案平面图

图 1-79 看似简单的平面图却隐藏着复杂的空间构成

④ 水景喷泉、水池等。

⑤ 室外家具小品、种植槽等。

除此之外，方案设计还要在平面图上注明以下文字和尺寸内容：

1）标题。

2）设计说明。

3）尺寸线。

4）区域功能的文字说明，诸如：室外入口门厅、娱乐区、进餐区、草坪和花园等。

5）铺装材料和其他结构的材料（墙、台阶、廊架等）。

6）植物材料要标明类型和大小（最好初步确定树种，如约7m高雪松、1.5m高珊瑚等）。

7）用等高线或标高线标明地面上主要立面变化。

8）指北针和比例。

9）有助于向甲方解释图纸的其他标注。

文字在图纸中起着至关重要的作用。图形、线条和色彩所传递的信息并不容易理解，必须借助一些标注、尺寸和标题。要仔细考虑文字的构图、尺寸和位置，由于它也是整体图纸的一部分。手绘标题和副标题可以用马克笔和毡头笔来书写。宽头马克笔手绘的大字作为一个基本形式能给图纸带来独特的亮点，让它具有自己的风格并让方案陈述显得人性化。图 1-80 和图 1-81 是常用的马克笔数字和字母。

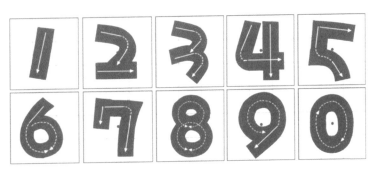

图 1-80 常用的马克笔数字

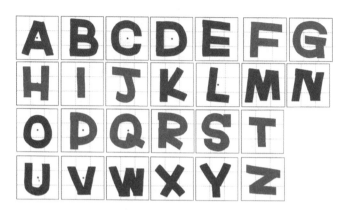

图 1-81　常用的马克笔字母

由于马克笔本身字形不够明确，故可加边框使其更加明确。用重线加边框时，先画所有的垂直线，然后是所有的水平线，最后是曲线。如果你想要更炫的效果，可以学乐谱中的装饰音在文字中加入装饰，如图 1-82 和图 1-83 所示。

图 1-82　装饰字体（一）

图 1-83　装饰字体（二）

将平面图、手绘字体和示意图进行构图，图 1-84 所示为周先生花园的平面方案图。

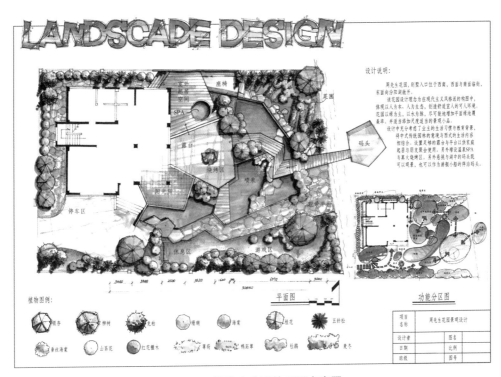

图1-84 周先生花园的平面方案图

5.2 剖立面图

平面图不足以表达一个设计空间。虽然运用阴影或层次，但却无法表达垂直要素的细节以及它们与水平形状的关系。如果有一把巨大的砍刀将地形垂直地切开。将两片分开后，一个截断面就出现了（图1-85）。

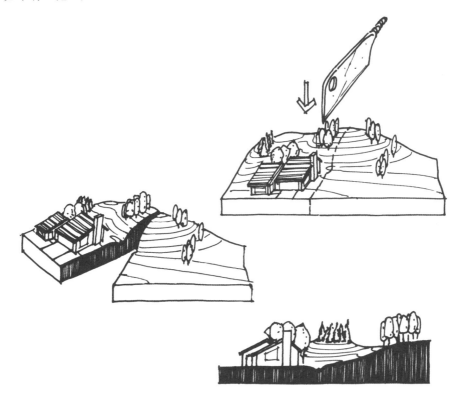

图1-85 剖立面图的概念示意（一）

51

被刀子切开的表面是个真正的剖面，这个表面之前或之后的东西都没有显示。如图 1-86 所示，剖立面 C 就是被剖开的地坪线（A）与被看到的立面景观（B）的合并。

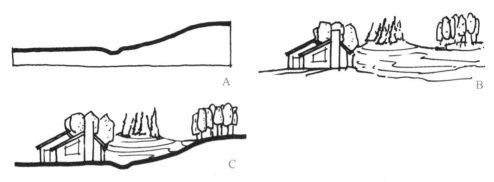

图 1-86　剖立面图的概念示意（二）

如果你已经画好了平面图，那么最简单的方法是绘制与平面图比例相同的剖立面图。方法如下：

1）在平面图上铺一张拷贝纸，画一条想要表达剖面的剖切线（A—A'）。用已知的立面信息在相应的每一个垂直高差改变处做记号。在图 1-87 中，每条等高线表示在池塘上面 2m。

2）将拷贝纸揭下来在上面绘制一系列表示立面高差变化的水平线。你可以用相同的比例绘制，也可以将水平比例放大 1.5 倍 ~2 倍。在每个基准线的标志点引垂直辅助线，在辅助线与表示高度的水平线交点处点一点，如图 1-87 下图所示。

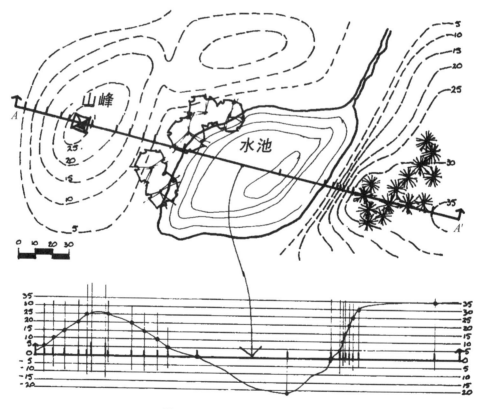

图 1-87　剖立面图的绘制方法

3）在另一张拷贝纸上以正确的高度绘制出正确的景观特征，加粗剖切线（图 1-88）。

剖立面图的数量是根据设计的具体情况和施工实际需要而决定的。剖立面图的图名应与平面图上所标注剖切符号的编号一致，如 1—1 剖立面图、2—2 剖立面图等。此外，剖立面图上还要注明标高。表示高度的符号称"标高"。标高可注写在图的左侧或右侧，数字应以 m 为单位，注写到小数点后第三位。宜取本

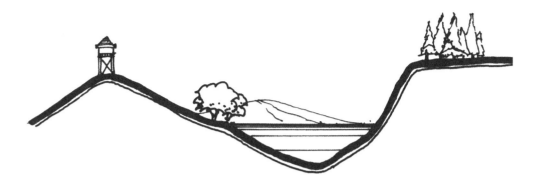

图1-88 剖立面图示意

楼层室内装饰地坪完成面为 ±0.000。正数标高不注" + ",负数标高应注" - ",如5.000、-0.300。

图1-89 ~ 图1-91分别显示了周先生花园剖立面图的绘制过程。

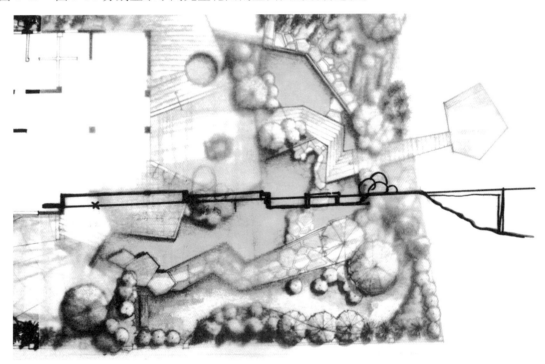

图1-89 将描图纸覆盖在平面图上,根据剖切线的位置量取关键点,按比例绘制高度

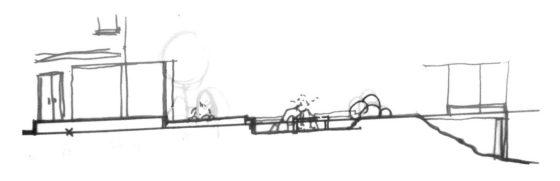

图1-90 周先生花园剖立面草图

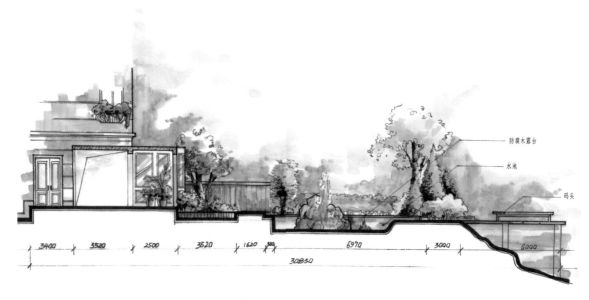

图1-91 周先生花园剖立面图

5.3 示意草图

在方案设计阶段，还需要一些草图来辅助设计和说明。例如，表示某些节点、景观效果或者设计理念。图1-92是设计师在思考水池、灯具、台阶和草地等处的细节处理草图。

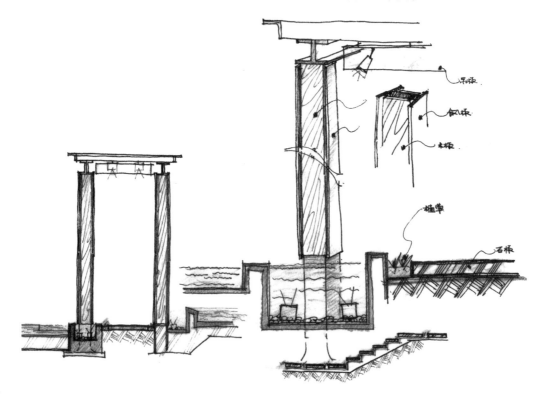

图1-92 设计师在思考水池、灯具、台阶和草地等处的细节处理草图

图1-93为水池造型的平面草图。

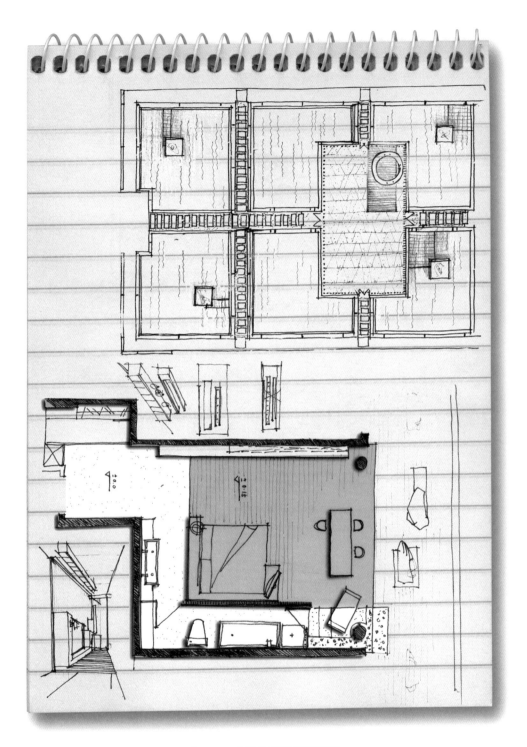

图 1-93　水池造型的平面草图

图 1-94 和图 1-95 则分别为酒店客房外露台和会所入口处的景观透视草图。

5.4　方案汇报

方案设计出来后要通过图纸的形式表达出来并向甲方汇报。方案汇报在整个设计过程中起着举足轻重的作用，它不仅是设计师向甲方传递设计思路的工具，也是体会甲方需求的过程。在汇报中设计师将陈述设计理念、设计面临的问题、解决方法、功能分区与布置、流线组织、材料选用、色彩与质感的分析、小品陈设的布置、风格定位、植物配置、灯光设计、立面构图以及空间的整体效果。制作汇报的时

庭园景观设计

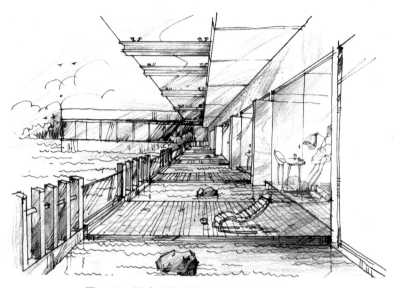

图 1-94　酒店客房外露台的景观透视草图

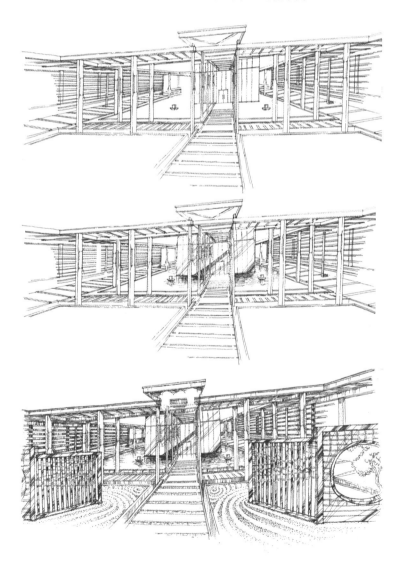

图 1-95　会所入口处的景观透视草图

候要考虑汇报的程序、时间与节奏。重要的是要让甲方在比较短的时间内了解设计师的想法、体会设计效果，并且了解功能布局与问题解决的方法。因此汇报的制作一定要具有明确的逻辑性与条理性，包含深入浅出的推导过程，必要的时候可以通过音乐、动画和视频加强感染力与表现力。

方案汇报的内容归纳起来大多包含以下九项：

1）汇报的名称：注明项目的名称，或者此次汇报的主题以及承接单位的名称。

2）点名宗旨：作为概念汇报需要在开始的时候说明设计的方向与理念。例如，前面提到的剑兰阁养生会所，就是本着创造禅意空间的宗旨，通过关键词、表达感受的图片等将汇报的思路引入正题，如图1-96所示。

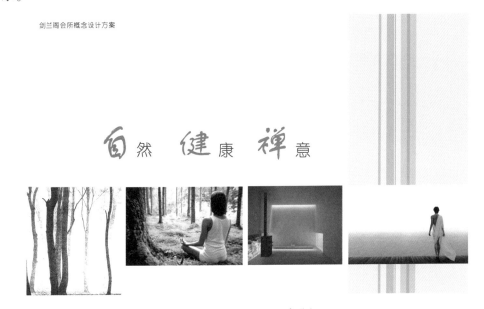

图1-96　方案汇报理念分析

3）总平面或鸟瞰图：为了达到思路清晰、逻辑分明的目的，一般的汇报形式是由大到小的，即从总平面开始，了解所做项目的地理位置与环境特色（图1-97）。

图1-97　剑兰阁会所环境鸟瞰图

4）彩色平面图或轴测图：接下来要做的是进一步介绍平面布局，就类似将摄像头拉近。甲方理解线条平面图速度较慢，很难快速了解设计的内容，因此最好选用彩色平面图或者Sketchup软件绘制的带有颜色与质感的轴测图（图1-98）。

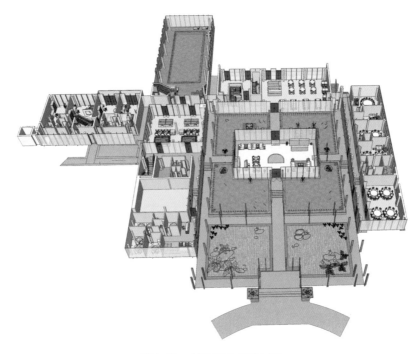

图1-98 剑兰阁会所轴测图

5）区域平面图：进一步放大平面图，对不同区域逐一分析。为了表达该区域与整体平面图的关系，可以在平面图中用色彩标明该区域的位置。下图显示的是一层前厅的位置及平面布局，每个区域还可以进一步划分成更小的细部区域，如庭院小景、方湖胜境和别有洞天（图1-99）。

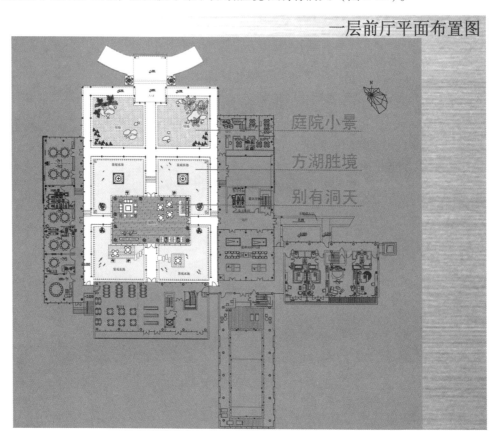

图1-99 剑兰阁会所区域放大图

6）效果图：这一阶段是展示成果的阶段，手绘或电脑效果图起着举足轻重的作用，如图 1-100 所示。

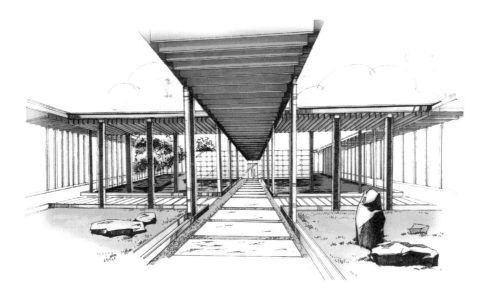

图 1-100　剑兰阁会所手绘效果图

7）意向图：出于时间、精力和成本的考虑，不可能所有区域都绘制效果图，这样，意向图就不失为一个不错的说明手段。针对确定的细部处理给出意向图，例如水池的形状、界面处理、空间咬合关系、材料质感、色彩搭配等。如图 1-101 所示为剑兰阁会所一层前厅方湖胜境的意向图。表现同一位置的意象图可以是多张，这样可以给甲方多种方案的选择。

图 1-101　剑兰阁会所一层前厅方湖胜境的意向图

8）方案草图：图 1-102 所示是针对剑兰阁会所一层前厅的入口庭院小景所给出的两个方案，每个方案都配有平面图与透视图。在功能设计阶段，手绘草图十分重要，因为其绘制速度快，示意性强，比单靠语言解释更加直观，减少歧义的产生。

庭园景观设计

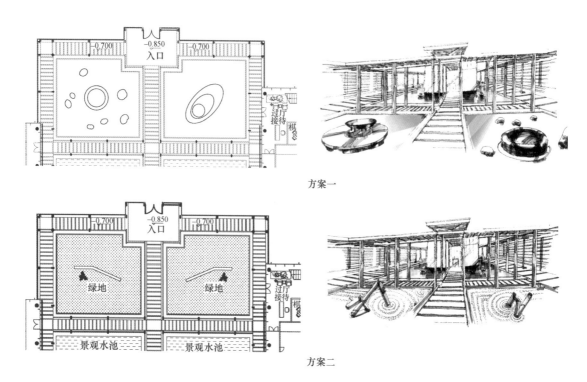

方案一

方案二

图 1-102　剑兰阁会所入口庭院小景草图

9）草图详解：手绘草图也有其弊端，那就是比较写意。为了更好地说明质感、色彩，让甲方体会到建成的效果，可以用相关图片进一步详解草图。图 1-103 就是针对图 1-102 的方案一草图进一步细化说明，明确其景观小品的实际样子。

图 1-103　剑兰阁会所入口庭院小景草图详解

根据方案设计的深度或者甲方对某些细部节点的关注，可以深入地剖析某节点的设计细节。图 1-104 为按摩床的草图、结构体系及装饰物的图片说明。

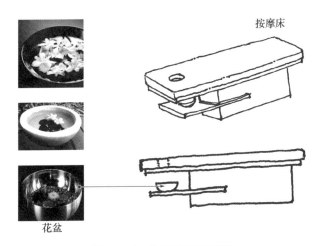

图 1-104　按摩床详解草图

步骤 **6** 扩初与施工图设计

景观设计从方案到实施，也就是从理想到现实的过程，一般要经过方案设计——扩初设计——施工图设计。有时为了便于交流，也会将设计工作分为两大阶段：方案设计阶段和施工图阶段，将扩初归入施工图阶段。即方案设计阶段包含了概念方案设计和景观方案设计，施工图阶段则包含了扩初设计和施工图设计。工作开展遵循以下步骤：

（景观概念方案设计）——景观方案设计——（景观扩初设计）——景观施工图设计

其中景观扩初设计承担着承上启下的功能，设计深度介于方案与施工图之间，其主要功能在于：

1）对设计方案进行深化、细化。针对方案细节设计进行推敲，使其更加合理；结合基地现状特征进行核对，使其具有可实施性；在方案阶段，更多的是确定设计概念和总体框架，具体的细节设计并不占主导地位，场地中一些障碍设施容易被忽略，有时地形图也会和实际场地在细节上有一定出入，这就导致方案的一些构想无法实施。这就需要首先对方案进行深化、细化，并校验其合理性和可实施性。

2）为施工图提供准确的依据。此阶段需要对场地进行定位，明确场地标高、空间关系，确定关键要素的尺寸，基本构造做法、主要材质等。有了扩初设计的深化、复核，施工图做起来就会相对轻松许多。

3）进行初步的工程概算。

4）进行大的材料设备的准备工作。

景观扩初设计和施工图设计的主要区别在深度和设计详图的多少以及结构设计、设备工种（给排水、电、暖通）的设计图的详细程度上。有时候，对于一些要求简单、面积较小的景观项目，往往会将扩初设计的工作和施工图设计的工作合并进行。

（1）**扩初设计的基本内容**

1）尺寸单位：扩初与施工图设计的尺寸大都以 mm 为单位，高程则以 m 为单位。

2）主要图纸：

①总表：

扩初设计说明

材料表

苗木总表

室外家具及小品意向图

② 总图部分：

总平面

总平面索引图

总平面网格放样图（简单的可和定位图合并）

尺寸定位图

竖向设计图

铺装平面图

灯具及家具布置图（复杂的分开做，简单的可合并）

标识系统（可选择）

植栽设计说明

植栽设计总图

上木设计图

下木设计图

③ 节点详图：

节点放大平面图

节点剖面

节点竖向图

……

④ 构造大样图：

各景观小品的大样图

⑤ 设备详图：

电气设备管线布置图

给排水管线布置图

⑥ 工程概算：

（2）景观施工图设计的基本内容（主要图纸部分）

① 总表：

扩初设计说明

材料表

苗木总表

室外家具及小品意向图

② 总图部分：

总平面

总平面索引图

总平面网格放样图（简单的可和定位图合并）

尺寸定位图

竖向设计图

铺装平面图

灯具及家具布置图（复杂的分开做，简单的可合并）

标识系统（可选择）

植栽设计说明

植栽设计总图

上木设计图

下木设计图

③ 节点详图：

节点放大平面图

节点剖面

节点竖向图

④ 构造大样图：

各景观小品的大样图

⑤ 设备详图：

电气设备管线布置图

给排水管线布置图

结构设计图

⑥ 工程预算。

本模块通过实例具体介绍景观设计从设想到实现的实施过程。案例为荷兰 NITA 设计集团（中国）公司的办公楼后花园建设（以下简称本项目）。本项目总设计范围内的用地为 720m²，主要设计场地面积只有 335m²，是一个典型的小型花园景观设计，整体要求以自然和展示为主，图 1-105 所示为本项目的基地图。

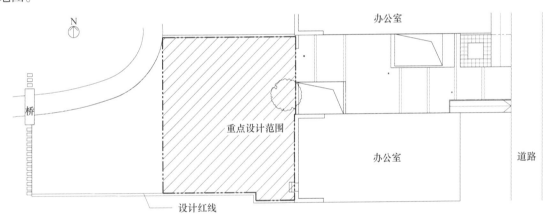

图 1-105 荷兰 NITA 设计集团（中国）公司的办公楼后花园基地图

经过方案评比，最终根据创意优先、理念时尚、特色突出的原则选用了如图 1-106 所示的概念方案：

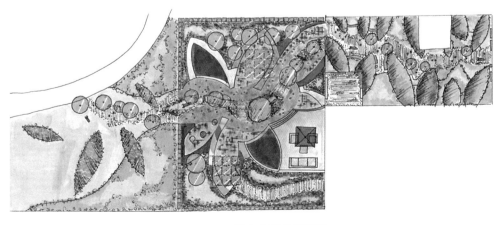

图 1-106 概念方案总平面图

确定了概念方案之后，首先要进行的就是对方案的深化和细化。

6.1 方案解读

设计师首先要对原方案进行解读，了解方案设计的意图、核心理念、整体布局和各节点都代表什么。在这个项目中，方案的灵感来源于公司最具代表性的文化符号——如图1-107所示的郁金香和奶牛（这是一家荷兰景观设计公司）。其中有几个亮点设计：发光的坐凳（图1-108）、修剪为伞形的树阵休息空间（图1-109）、不同功能的水景设计。这些设计元素是否具有可实施性，其尺度大小如何控制才能达到最佳效果，是否符合场地空间要求等，都是需要重点考虑的。

图1-107 概念解析

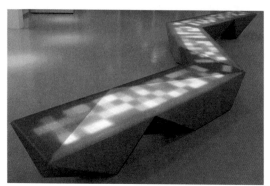

图1-108 发光的坐凳

图1-109 伞形的树阵休息空间

6.2 方案修改深化

对原有方案进行解读之后，设计师对原有方案已经有了充分的了解。可以开始准备深化设计了。在这一步，设计师需要针对细节进一步核实可行性，并对场地的实际情况做详细的了解，包括现状场地中的树木、设备井、地下管线等（图1-110）。

原方案中布置了较多休息、集会的空间，植物展示功能相对较弱。根据任务要求，经过讨论，首先明确了场地主要功能——以展示和景观生态为主。因此，自然绿化所占比例应大大高于硬质铺装，休闲聚会空间需视场地面积而定。在此基础上，深化方案确定了主要方向：保留以"郁金香"为主要元素的设计概念，增加植物种植的区域；保留"发光的坐凳"概念，但需对具体位置和技术上的可实施性进行核实论证；根据现场实际的水源方向和任务要求、后期维护管理的要求，水体的位置和大小需进行调整。主景区缺少展示的对景和"动"景的因素，可将一处平面水景变为"立体"水景并增加展示功

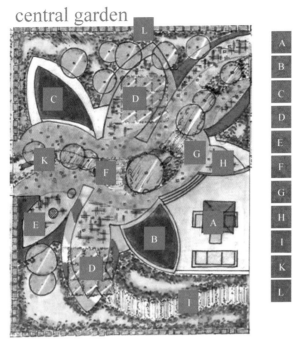

central garden

A	meeting garden 会谈空间
B	water pond/self cleaning 生态水池
C	water table 水平台
D	tree toof/clipped london plane trees 伞状修剪树（遮阴）
E	seating on wood/table and bbq 发光坐凳
F	planting strip 种植带
G	typical dutch paving in fishbone pattem 典型的荷兰铺装样式
H	natural srone paving/drainage through joints 自然细石路
I	acces to garden 入口小径
K	cow sculpture 牛奶雕像
L	box hedges/clipped trees 修剪绿篱

图 1-110 重点区平面图

能——改为水景墙；而在场地的北侧和西侧，地势相对略高，需要进行遮挡和边界的明确限定，增加了微地形的设计，以使景观更具有变化。从景观风水学的理论角度出发，也适合增加微地形进行"挡"的设计。

原方案中还设计了两组由九株整形乔木组成的树下休息空间，如图 1-111 所示。

图 1-111 南北两侧的空间内各布置了一组由九株整形乔木组成的树阵作为视觉焦点和林下休息空间

深化设计时，发现概念方案中的树木的尺寸有误，按照准确的树木尺寸，现有的场地根本无法容纳这两组伞形树阵。但此树阵作为休闲空间对人的吸引力和展示性都较强，因此想尽量保留此处的构思，刚开始设想将九株整形树简化为三株并放在场地中央（图 1-112）。

进一步核对乔木和场地尺寸时发现，即使放三株也不现实——乔木之间有种植距离要求，而且也无法形成概念方案中所要体现的林下休息空间的意向；中间的三株大树不仅割裂了空间，且对整体形态形成了干扰，最终舍弃了这个概念。

同时，实际复核场地时又发现，场地核心区东侧现状有一高大的银杏树，树干与场地边界之间的空

65

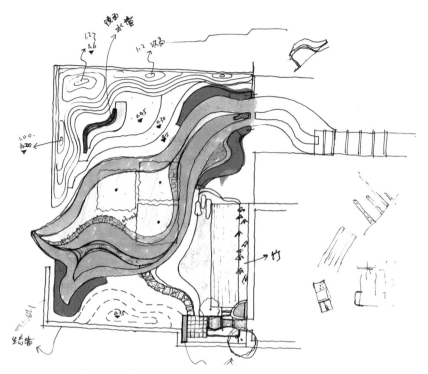

图 1-112　构思草图中按实际尺寸摆放的三株整形乔木

间很小，且此处为主要入口，放置两组发光坐凳的想法并不可行。而在西南角，需要设置一个出入口，道路延伸至出入口处，因此，环形的坐凳设置也不合适，如图 1-113所示。

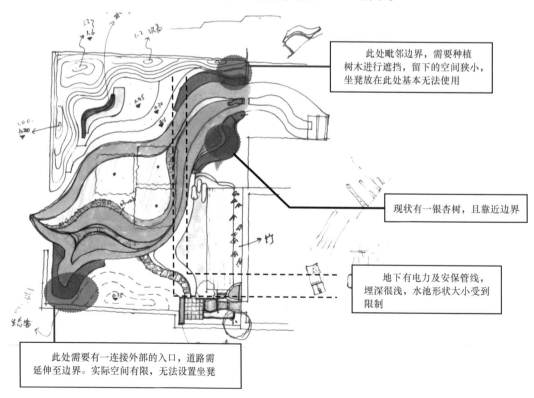

此处毗邻边界，需要种植树木进行遮挡，留下的空间狭小，坐凳放在此处基本无法使用

现状有一银杏树，且靠近边界

地下有电力及安保管线，埋深很浅，水池形状大小受到限制

此处需要有一连接外部的入口，道路需延伸至边界。实际空间有限，无法设置坐凳

图 1-113　对方案草图的进一步分析

　　场地东侧为一狭长形的带状入口空间，现状两侧已有一定的植被绿化，以规则式布局为主，可发挥空间较小；此处植被绿量总体不足，与西侧的主场地空间相对独立。经过分析论证，决定舍弃原有方案

的自然式构图，加强此处空间的规则式布局，营造具有视觉冲击力的入口长廊，突出展示特色。为进一步加强"绿化景观"展示的主题，设计方案选择了形态整齐、天然具有整形效果的鹅耳枥和钢构架相呼应，阵列式排布，沿着现状铺装整齐的石板路形成自然而整齐的长廊空间（图1-114）。

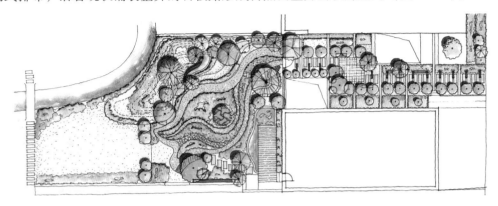

图1-114 调整后的方案

经过综合分析、场地比对等工作，深化方案就基本确定了。

深化方案确定后，就可以开始扩初设计的工作了。这个项目由于规模较小，内容简单，所以扩初和施工图合并在一起，直接进入施工图的设计工作。这也是小花园景观和一般较大尺度的景观不同的地方。

通常来说，大尺度的景观场地范围较大，布局和功能都较为复杂，设计内容也较多，就必须有扩初设计，承担承上启下的功能，多方推敲核对，以保证施工图的质量。而对于小景观来说，场地规模都较小，扩初和施工图可以合并在一起进行。

6.3 施工图（扩初）设计

扩初和施工图的工作开始后，CAD图就成为重要的表达工具。总平面、细节设计都必须在CAD中进行准确的描绘。扩初以深化方案的图纸为基础展开，而施工图则是在扩初图的基础上展开。所有的细节都需在CAD图中表现。

在扩初和施工图阶段，应有更细致、深入的总体规划平面，和实际情况应当保持高度一致。譬如对于道路的表示，在方案阶段，可以只用两根单线表示一条道路，但到了扩初和施工图阶段，则需将道路两侧的路缘石线也表示出来。不同铺装分割的地方需要有分割线进行示意等。这个时候的图纸应当能准确和完全地表示出实际施工后的场地景观。

一般来说总图设计的比例通常在1:100～1:300，详图的比例在1:10～1:100。

1. 基础图纸的准备工作—— Base CAD

扩初和施工图的工作一般采用外部引用的方式，这样便于今后的修改。因此，首先需要一张纯粹的以硬质景观为主（去除了植栽配置）的总平面作为外部引用的图纸。这张图是所有总图绘制的基础。

如图1-115所示，可以看到在这张总图上，硬质景观的内容已经完整清晰地展现在图纸上了。总平面尺寸定位、总体竖向设计平面、总体绿化设计平面等都将以此图为基础展开进行。

2. 总图设计

进入到扩初和施工图设计后，在总图方面，不论何种尺度的景观设计，总平面尺寸定位、总平面索引图、总平面铺装设计图、总平面竖向设计图、总平面绿化设计图都是必不可少的，其余的如室外家具布置图、灯具布点图、标识标牌系统图等则根据具体项目情况确定是否需要。

总平面尺寸定位通常分为总平面尺寸定位图（图1-116）和总平面方格网定位图（图1-117），对于内容简单场地较小的景观，有时也可合并为一张图。

庭园景观设计

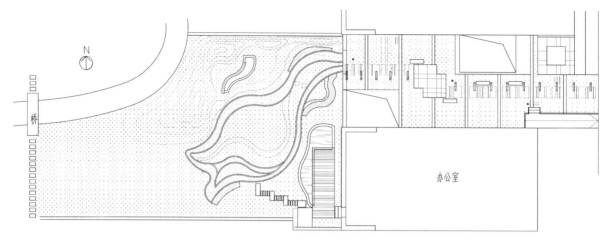

图 1-115　用做外部引用的总平面 CAD 图 Base CAD

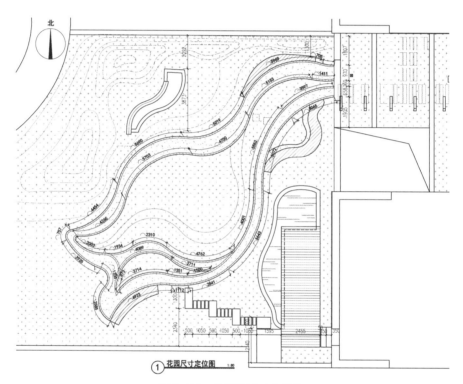

① 花园尺寸定位图　1:80

图 1-116　总平面尺寸定位图

　　通常自然式道路、微地形、山丘等以自然曲线为主的硬质景观以方格网为控制依据。尺寸定位图中应以详细尺寸或坐标标明各类景观元素的平面大小、位置、外轮廓等，对构筑物和小品进行准确定位。为减少误差，对于平面内容较多较为复杂的场地，总平面图中还需注明轴线和现状的关系。

　　本项目由于东西两侧的场地相对独立，因此在施工图阶段将其分为两个区段进行设计。

　　总平面尺寸定位图和总平面方格网定位图是在总图的基础上进行绘制的，主要作用是对总平面中所能呈现出来的景观要素的外轮廓进行定位。对于更细节的设计，更具体的尺寸构造，如坐凳、景墙等具体的内部节点尺寸，以及某一具体节点设计中的细部尺寸，则需要在详图设计中体现。而这些设计具体在哪张详图中，则需要一张如图 1-118 和图 1-119 所示的总的索引图来体现。

　　总体竖向设计平面主要是针对场地地形塑造进行的设计，应反映各不同标高点的关系位置等，如图 1-120所示。主要内容包含：

　　1）场地的标高（包括现状与原地形标高，微地形的顶标高等），排水方向、坡度等，排水口位置等。

　　2）水体标高（水面标高、水底标高、堤岸标高等），涉及有水位变化的水体，还需要标明常水位、

68

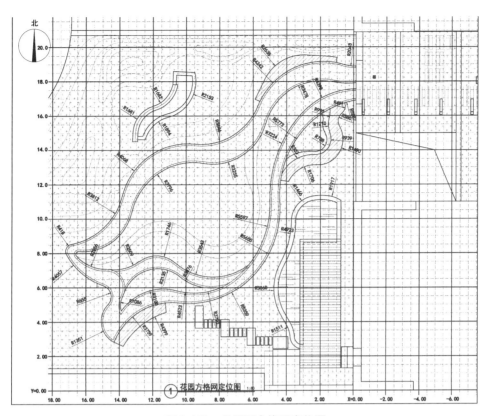

图 1-117 总平面方格网定位图

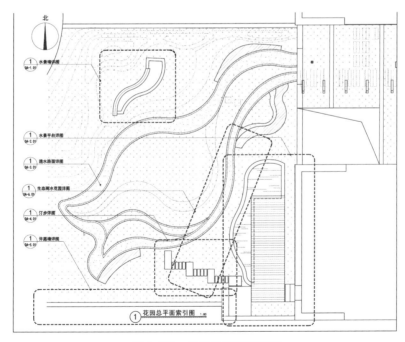

图 1-118 花园总平面索引图

最高水位、最低水位等。

3）建构筑物的室内外标高，出入口标高等。

4）道路转折点的定位及标高、坡度（横坡、纵坡）。

5）绿地高程和景观微地形的等高线，一般采用等高距为 0.2～0.5m 一根的等高线进行设计。

对于地形复杂、面积较大的场地，使用相对标高的还需注明相对标高与绝对标高的关系，以及使用的何种坐标系。必要时还需增加土方调配图，一般使用 2m×2m～10m×10m 的方格网进行表示，注明各

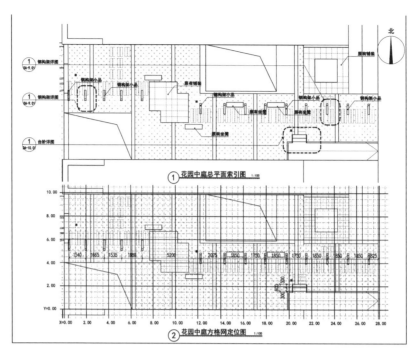

图 1-119　花园中庭总平面索引图及方格网定位图

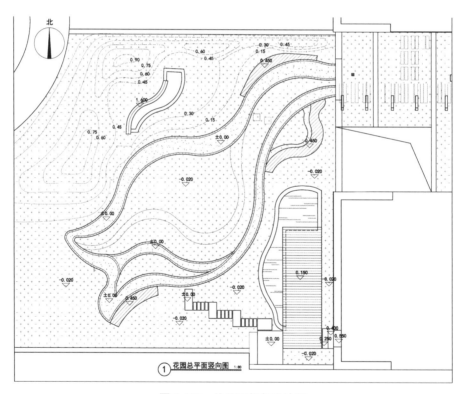

图 1-120　总平面竖向设计图

方格点原地面标高、设计标高、填方和挖方工程量高度，列出土方平衡表等。

在重点地区、坡度变化复杂的地段需要增加剖面图以清晰地标明场地标高变化的关系。

除此之外，还有总平面铺装图，主要在总图中反映出不同的场地所采用的铺装材料、颜色、尺寸、范围等。由于本项目主要以绿化为主，硬质铺装总共只有三种类型，且形式简单，因此在这个项目中省略了铺装图，直接在施工时和施工单位进行了材料交接。而一般的景观设计中，场地铺装占了很大一部分比例，是无法省略的。图 1-121 所示为另一景观设计的铺装平面图示意。

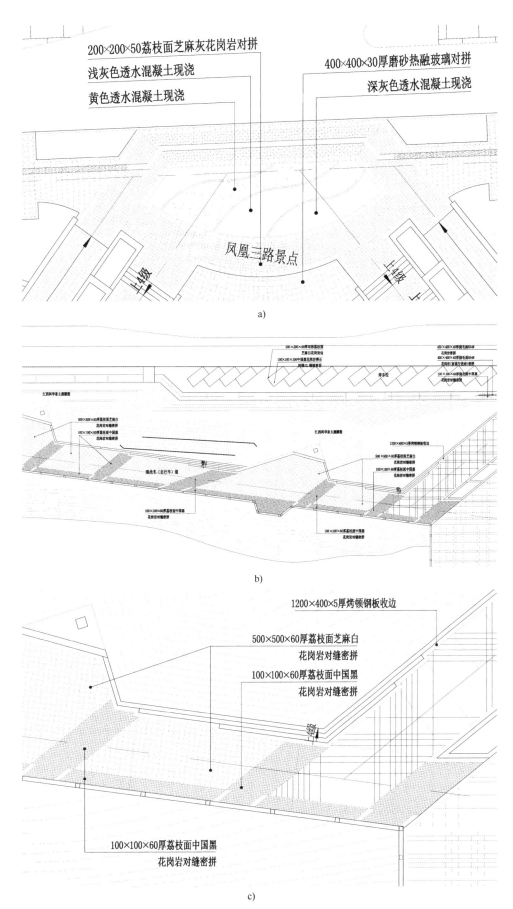

图 1-121　某公园工程景观设计总平面铺装设计图

相对于以上的总图设计，植栽设计图则可以说是相对独立的一套图纸。有些时候也会笼统地将总图分为硬景设计和软景设计。软景设计就是指植栽设计。实际上，景观设计的优劣在很大程度上与软景设计有着更为紧密的关系。植栽配置的好坏往往会直接影响到最终的景观效果，尤其对于庭园景观来说更为重要（图1-122）。

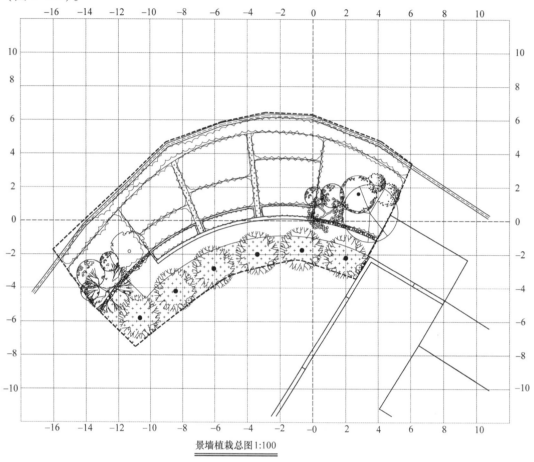

景墙植栽总图1:100

图1-122 景墙植栽设计

植栽设计总图通常又分为如图1-123所示的上木配置图（即乔木配置图），如图1-124所示的下木配置图（即灌木配置图），复杂的景观设计项目还需要单独出一张中木配置图。植栽设计图的主要内容为：

1）标有各植物名称和方格网定位的植栽总图。通常景观设计中有大量的自然式种植，因此需要以方格网来控制每株植物的距离和位置。方格网的大小与总图方格网定位图一致，多采用2m×2m～10m×10m的尺寸。

2）以实际距离尺寸为准，标注出各园林植物的品种、数量。上木配置图主要反映的是乔木的配置情况，以"棵"为单位进行数量统计；下木配置图反映的是灌木的配置情况，因此以面积为单位进行数量统计。

3）标明古树名木或者需要现状保留的树种。

4）如果植物周边有构筑物或者地下管线，需要标明植物与周边构筑物或者地上地下管线的距离尺寸。

对于场地较大、内容复杂的景观设计来说，种植设计往往还需要分区段进行。此时必须有索引图表示其设计区域所在，相同品种、重复有规律种植的乔木还需注明间距（图1-125、图1-126）。

除了平面图以外，植栽设计还需要将所有植物品种的类型进行汇总，完成苗木表，并进行植栽设计说明。在苗木表中，依照乔木、灌木、花卉、地被等进行分组编制，给出植物的名称、拉丁名、规格（胸径、冠径、蓬径、单位面积内的密度）、外形控制要求等。苗木表主要内容：

1）植物品种名称、拉丁名。

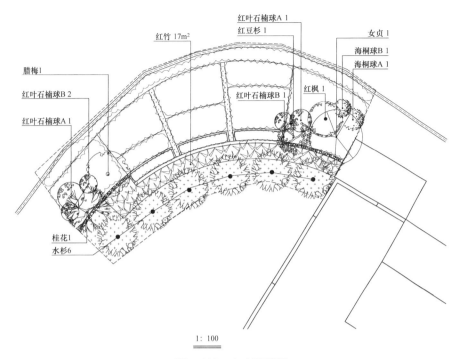

1：100

图 1-123　上木配置图

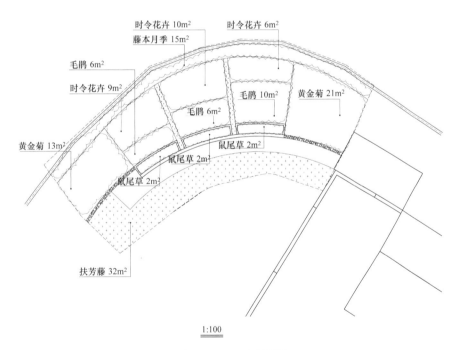

1:100

图 1-124　下木配置图

2）单位。

3）数量。

4）规格：包含胸径、高度、蓬径、干径等。胸径以 cm 为单位，保留到小数点后一位；蓬径（冠径）、高度以 m 或者 cm 为单位，保留到小数点后一位。

5）景观要求。

6）观花观叶类植物需要标明花、叶的颜色。

植栽设计说明和苗木表是施工单位采购苗木的重要依据，见表 1-1 典型苗木表示意。

庭园景观设计

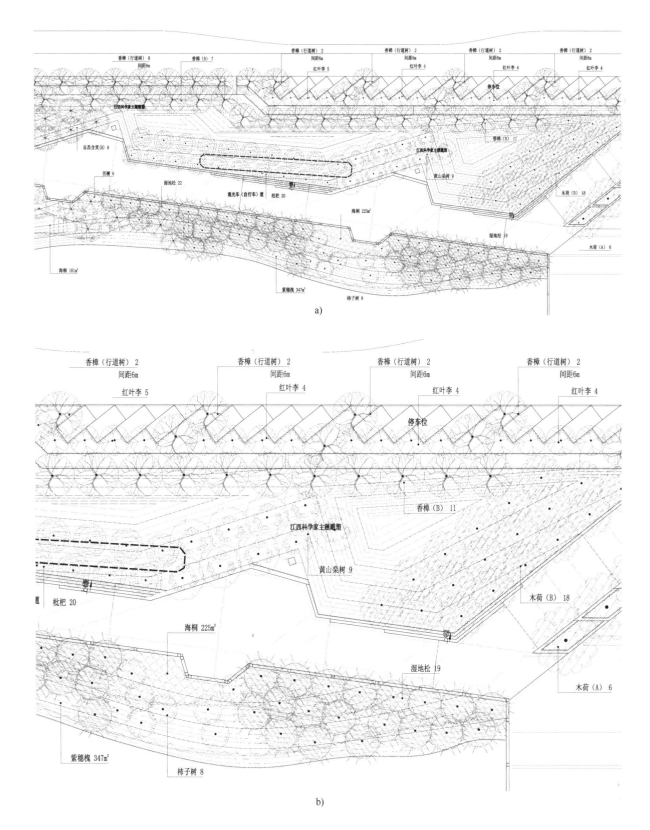

a)

b)

图1-125 某公园工程景观设计上木设计图

74

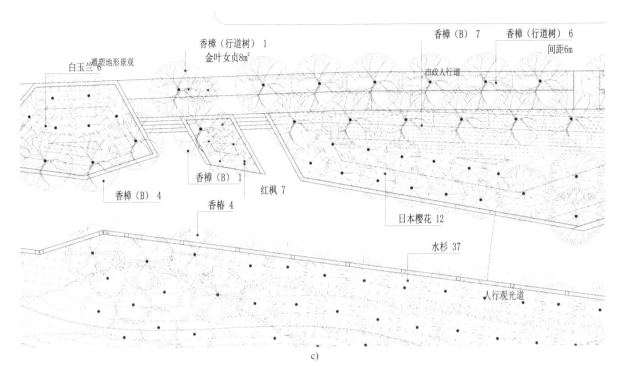

c)

图 1-125　某公园工程景观设计上木设计图（续）

以上的图纸为一般场地景观设计中必不可少的总图部分的图纸。对于大型的景观设计，则还需要灯具布点图、室外家具布点图、标识布点图等。

这些图纸都属于土建的范畴，是景观专业的设计师必须绘制的图纸。除此之外，还有管线图和结构图，这些则是水电设计师和结构设计师需要做的事情。管线图主要包含给排水设计图、电气设计图（强电、弱电）等。如果场地中没有大量的景观构筑物如景亭、廊架等，结构图则只占到很小的比例，有时会附在景观详图中进行设计。

对于场地中有特殊的涉及给排水电气的景观设施，还需要水电的详图。如在 NITA 后花园的设计中，有一个水景墙，水需要从地面抽到景墙顶部，然后顺着景墙流下，就需要针对水景墙设计单独的给排水设计图，如图 1-127、图 1-128 所示。

除此之外，扩初和施工图阶段还有一项重要的内容就是概预算。在扩初阶段，通常进行工程概算工作，而在施工图阶段，则需要进行工程预算的工作。概预算是建设单位确定工程总造价的直接依据，也是施工企业编制施工计划的依据，同时也是进行施工招投标的必要内容；据此，建设单位才能合理地进行工程价款的结算。这项工作通常由概预算工程师（造价工程师）配合完成。

3. 详图设计

总图工作完成后，就需要进一步的详图设计。详图主要解决各具体的景观节点（如广场、交叉口等）、景观小品、铺装细部设计的问题。通俗地讲，就是不能在总图中表示的景观设计的内容，都需要通过详图设计来进行表示。

一般来说，详图设计的类型有：平台、栈道、汀步、铺装、坐凳、台阶、花坛、景亭、景墙、各类构筑物棚架等。仍以 NITA 集团的后花园景观设计为例，其详图主要有：水景墙、木平台、路面铺装、汀步、许愿墙、雨水花园（节点设计详图）、雨水井、钢构架、室外台阶等。一般详图的内容主要包含：

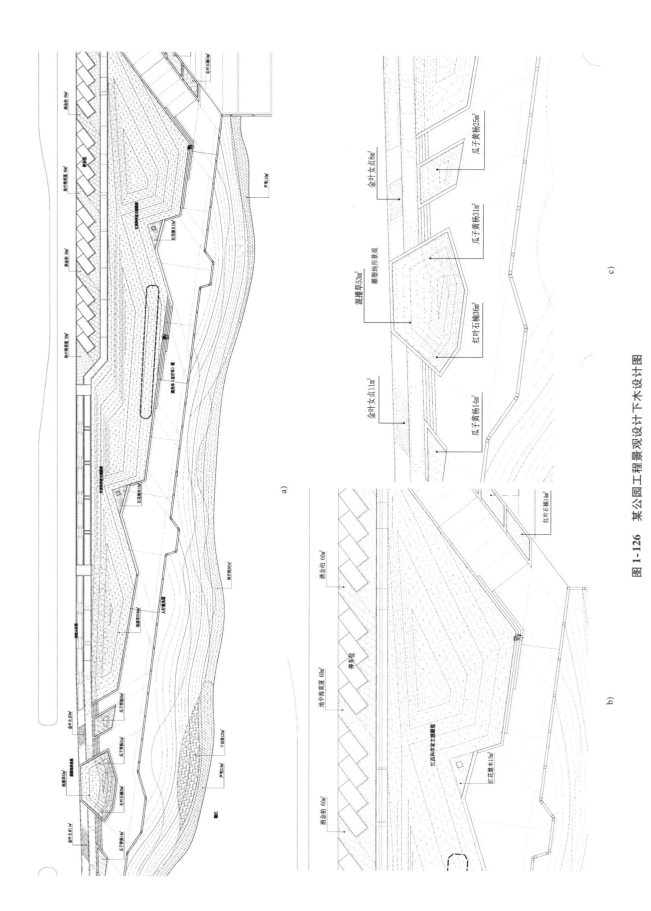

图 1-126　某公园工程景观设计苗木设计图

表 1-1 典型苗木表示意

No.序号	Legend 图例	Name 品名	Latin Name 拉丁文名称	Specification 规格			Quantity 数量/株	Remark 备注
				胸径/cm	高度/cm	冠幅/cm		
常绿乔木								
1		香樟（A）	Cinnamomum camphora	38.1~40.0	1201~1300	1001~1100	6	全冠种植，树形优美
		香樟（C）	Cinnamomum camphora	20.1~22.0	721~780	541~600	10 / 16	全冠种植，树形优美，分枝点≥3m，株距5m
2		广玉兰（A）	Magnolia grandiflora	38.1~40.0	1151~1250	951~1050	1	全冠种植，树形优美
		广玉兰（B）	Magnolia grandiflora	22.1~24.0	721~780	541~600	129 / 130	全冠种植，树形优美，株距5.5m
3		雪松（A）	Cedrus deodara		481~510	331以上	102	全冠种植，树形优美，株距4m
落叶乔木								
1		垂柳（A）	Salix babylonica	12.1~14.0	471~530	391~450	300	全冠种植，树形优美，株距4m
2		水杉	Salix babylonica	12.1~14.0	701~750	241~260	800	全冠种植，树形优美，株距3.5m
3		黄山栾树	Koelreuteria Integrifoliola	12.1~14.0	491~520	331~360	319	全冠种植，树形优美，株距4m沿车行道行道树分枝点≥3m
常绿灌木								
1		红叶石楠	Photinia serrulata		61~80	61以上	907	16株/m²
2		阔叶十大功劳	Mahonia bealei（Fort.）Carr		81~100	71以上	860	9株/m²，每株不少于8分枝
3		红花檵木	Loropetalum chinense var. rubrum		41~50	41以上	307	25株/m²，品种；双面红
落叶灌木								
1		千屈菜	Lythrum salicaria		51以上	31以上	512	25株/m²
2		八仙花	Hydrangea macrophylla		41~50	31以上	512	25株/m²
地被草花类								
1		麦冬					2214	满铺
2		花叶蔓长春					826	$D=4.1~5.0$，16株/m²

1）平面图：平面定位、外形轮廓控制尺寸、铺装材料等。

2）立面图：标注高度、宽度、表面材料材质等。

3）剖面图：标注主要的控制点标高。

4）放线依据。

5）节点详图。

6）构造详图。

图 1-129~图 1-133 为几个典型的详图设计。

景观扩初和施工图设计实际上是从宏观控制到微观控制的过程。从总图到详图，一步一步深入，在这个过程中，需要反复的推敲、复核。有时，进入到详图设计时，还会发现总图不合理之处，这就需要再返回去修改总图。在这个过程中，景观设计师也将对场地有了进一步的理解。很多时候，施工图和最初的方案有一定的差异。为了能最终达到良好的效果，就需要方案设计人员和施工图设计人员充分沟通、合作。经过设计和施工，NITA 公司花园成功完成，实景图见图 1-134~图 1-141。

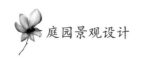

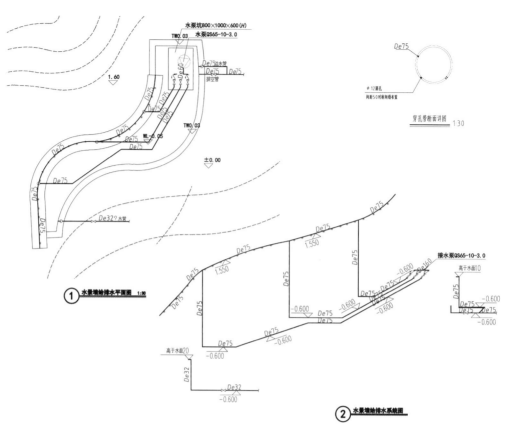

图 1-127　水景墙给排水设计图示意

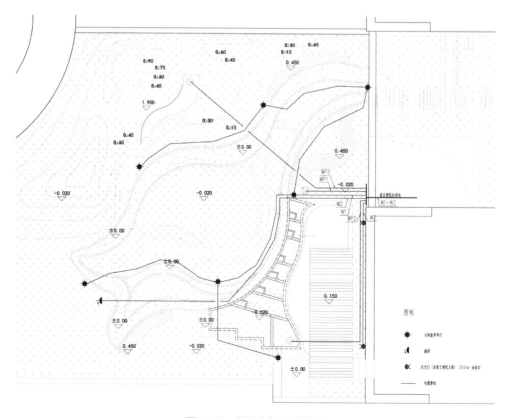

图 1-128　花园电气总平面图

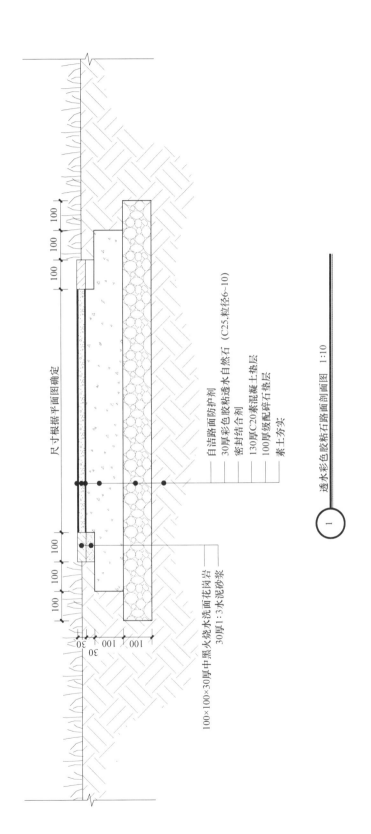

尺寸根据平面图确定

自洁路面防护剂
30厚彩色胶粘透水自然石（C25,粒径6~10）
密封结合剂
130厚C20素混凝土垫层
100厚级配碎石垫层
素土夯实

100×100×30厚中黑色火烧水洗面花岗岩
30厚1:3水泥砂浆

① 透水彩色胶粘石路面剖面图 1:10

图 1-129 路面详图

庭园景观设计

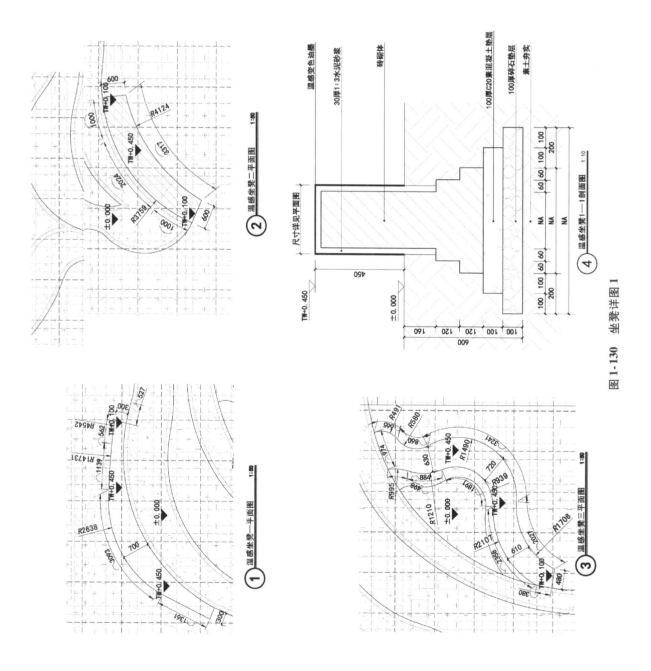

图1-130　坐凳详图1

温感变色油漆

30厚1:3水泥砂浆

砖砌体

100厚C20素混凝土垫层

100厚碎石垫层

素土夯实

④　温感坐凳1—1剖面图　1:10

② 温感坐凳二平面图　1:50

① 温感坐凳一平面图　1:50

③ 温感坐凳三平面图　1:50

80

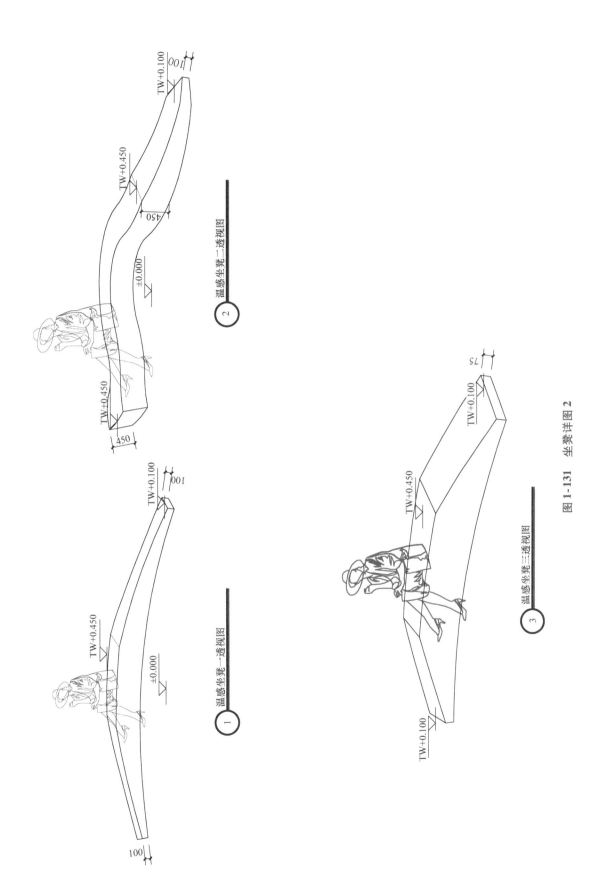

温感坐凳一透视图 ①

温感坐凳二透视图 ②

温感坐凳三透视图 ③

图 1-131 坐凳详图 2

庭园景观设计

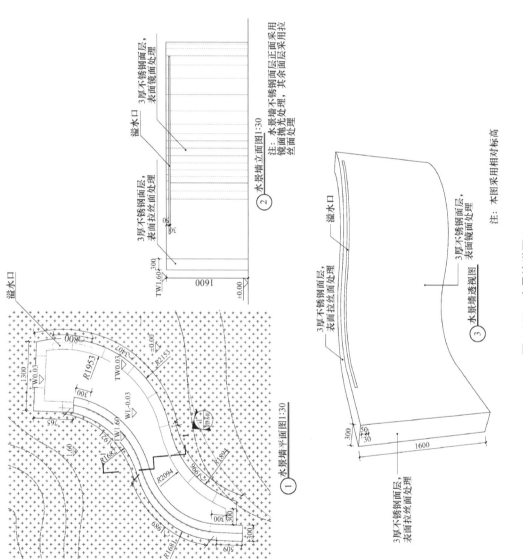

图 1-132　水景墙详图 1

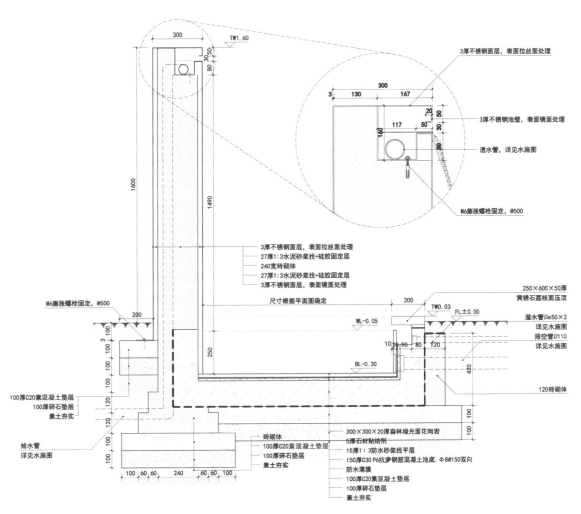

图 1-133 水景墙详图 2

图 1-134 实景图 1

图1-135 实景图2—冬季

图1-136 实景图3—冬季

图 1-137　实景图 4—冬季

图 1-138　实景图 5—秋季，东侧遐思长廊

图 1-139　实景图 6—夏季，花园小景

图1-140　实景图7—春季

图1-141　实景图8—水池一角，春季

模块二　造园手法

"园林巧于'因''借'，精在'体''宜'……'因'者，随基势之高下，体形之端正，碍木删桠，泉流
石注，互相借资；宜亭斯亭，宜榭斯榭，不妨偏径，顿置婉转，斯谓'精而合宜'者也。"——计成《园冶》

庭园的布局形式分为：自然式、规则式、混合式。无论采取哪种布局形式，都可以采用本章所讲的造园
手法。

1. 自然式

自然式布局形式是指模仿大自然的天然景观，使用没有明显人工痕迹的结构和材料，主张就地取材，与
周围景观相协调，融为一体。自然式布局的特点是追求野趣美，要求达到"虽由人作，宛如天开"的效果。
中国传统园林的布局方式都是自然式，构图上以曲线为主，讲究曲径通幽，忌讳一览无余（图2-1）。

图2-1　自然式的中国传统园林

2. 规则式

规则式又称几何式、整形式和图案式庭园，构图多为几何图形，在水平方向上，平面布局经常具有明
显的轴线，轴线在庭园布局中起着绝对的统帅作用，其他建筑和景观沿轴线对称布置，以此来体现规整、
均衡的造型美。在垂直方向上，软质景观也有着明显的人工痕迹，被打造成规则的球体、圆柱体、圆锥
体等（图2-2）。

3. 混合式

现代庭园景观设计一般采用自然式和规则式结合的混合式布局。混合式主要指规则式、自然式相互
融合、交错组合，你中有我，我中有你。大致有三种表现方式：全庭园形成自然式骨架，没有主中轴线

庭园景观设计

图 2-2　规则式的模纹花园

和副轴线，但局部采用轴线布局成规则式布局；或全庭园有明显的中轴线，但局部采用自然式布局；或硬质景观成规则式、软质景观成自然式布局。如图 2-3 所示。

图 2-3　规则的硬质景观平面布局中穿套着自然的植物布局

手法 1　障　　景

中国传统文化讲究含蓄，表现在庭园景观设计上主要是指采用"欲扬先抑""欲露先藏"的设计手法，以达到出其不意的效果。这种借助景墙、假山、孤赏石、影壁墙、小竹林等遮挡视线的园林景观的手法称障景。

障景具有双重作用，一种是造景作用，另一种是屏障景物、改变空间、引导方向的作用。这样，人在游览中移步换景，从而使人产生"山重水复疑无路，柳暗花明又一村"之感。

障景本身就是一景，在庭园中一般多设在大门或建筑物的入口处，景观序列的端部处，或景观转折处等，通过布局层次和构筑木石等达到遮障、分割景物，营造出景深，使人不能一览无余，感觉意犹未尽、回味无穷，并激发游人的好奇心，来探索下一个意想不到的景观。

障景是中国传统园林的设计手法之一，在现代庭园中，运用也相当广泛（图2-4~图2-6）。

图2-4 通过假山、石景的障景

图2-5 通过植物的障景

图2-6 通过屏风、墙面的障景

手法2 借　　景

　　借景是中国传统园林常用的造景手法。可以巧妙地借助周围景物，如山石、水体、建筑、动植物、人、天文气象等为景物，成为另一景，以此来达到突出主题、强化立意的效果。借景的方法有很多种，如远借、邻借（或近借）、互借、仰借、俯借、应时借等。

　　明代计成在《园冶》中写道："构园无格，借景有因"。在中国传统园林中，造园者由因而借，化他人之物为我所用，纳园外之景到园内，从形、色、声、香等各个方面增添艺术情趣，以丰富园林景色，扩大园林空间。

　　在面积较小的庭园中，借景则显得更加重要。让有限的景观空间显得层次丰富，以小见大。借景分为直接借景和间接借景。

（1）**直接借景**

1）**近借**：在园中欣赏园外近处的景物。如图2-7所示澳大利亚Lubra Bend庭园近借旁边的麦田景观。

2）**远借**：在园林中看远处的景物，如靠水的园林，在水边眺望开阔的水面和远处的岛屿。如图2-8所示大理崇圣寺三塔远借苍山。

图2-7　澳大利亚 Lubra Bend 庭园近借旁边的麦田景观

图2-8　大理崇圣寺三塔远借苍山

3）**互借**：两座园林或两个景点之间彼此借资对方的景物，如图2-9所示五台山寺庙群相互借用。

4）**仰借**：在园中仰视园外的峰峦、峭壁或邻寺的高塔，如图2-10所示日本京都仁和寺北庭仰借山上茶室飞涛亭与寺院五重塔。

图2-9　五台山寺庙群相互借用

图2-10　日本京都仁和寺北庭仰借山上茶室飞涛亭与寺院五重塔

5）**俯借**：在园中的高视点，俯瞰园外的景物。如图2-11所示日本京都妙心寺俯借池泉式庭园。

6）**应时借**：借一年中的某一季节或一天中某一时刻的景物，主要是借天文景观、气象景观、植物季相变化景观和即时的动态景观。如图2-12所示日本京都仁和寺每年春天樱花开放，成为欣赏御室樱的时节。

（2）**间接借景**　这是一种借助水面、镜面映射与反射物体形象的构景方式。由于静止的水面能够反射物体的形象而产生倒影，镜面或光亮的反射性材料能映射出相对空间的景物，所以，这种景物借构方式能使景物视感格外深远，有助于丰富自身表象以及四周景色，构成绚丽动人的景观。如图2-13为苏州留园的湖光倒影。

图 2-11 日本京都妙心寺俯借池泉式庭园

图 2-12 日本京都仁和寺春天樱花开放

图 2-13 苏州留园的湖光倒影

手法3 隔 景

　　隔景用以分割园林空间或景区的景物。隔景可以借助山体、树丛、植篱、粉墙、漏墙、复廊、水面、堤岛、建筑等，以此来隔断部分视线及游览路线，避免各景区的互相干扰，增加园景构图变化，使空间"小中见大"。

　　隔景不同于障景。障景本身是庭园一景，旨在突出自身景观的同时，也通过该景营造出其不意、柳暗花明的意境，起到障丑扬美的作用。而隔景意在分隔景观空间，并不强调自身的景观效果，而是以此

丰富园林层次，以有限空间造无限风景。

隔景的方式有实隔、虚隔和虚实相隔。

1. 实隔

指的是让游览视线不能从一个空间直接看到另一个景观空间，常采用实墙、山石、建筑、密林等方式。这可以避免邻近景区人群的相互干扰。如图2-14艺圃中的园中园，用高大的墙面和假山分隔出一个独立的南斋。

2. 虚隔

指的是让游览视线通过遮挡还是能从一个空间看到另一个空间的景观，常采用水面、小桥、堤、岛、疏林、道路、花架等方式，形成虚隔。虚隔可以丰富景观的层次，使得景致更深远、丰富，具有观赏性。如图2-15所示日本奈良大乘院庭园中通过多个水面进行分隔。

图2-14 艺圃中的园中园

图2-15 日本奈良大乘院庭园

3. 虚实相隔

指的是让游览视线有规律地、断断续续地从一个空间看见另一个空间的景观，常采用堤、岛、桥相隔或漏窗相隔，形成虚实相隔。如图2-16所示法国吉维尼莫奈花园中通过小桥、水道和植物形成的一个似隔非隔的水庭。

图2-16 法国吉维尼莫奈花园

92

手法4 框 景

　　框景是指在游览的视线范围内，设置中间镂空的围框来观景，这是人们为组织观景视线和局部特定点定位观景的具体手法。常常采用透过建筑、景墙的门窗洞口、柱间、树丛、花架等，且选定特定的角度来获取最佳观赏视域。

　　这种造园手法旨在通过围框，将游览视线高度集中在框入的景观上，利用围框统一景色，让框进的景观成为此处的主景，这样既突出了主景，又增加了层次与景深，有小中见大之效，给人强烈景观感和艺术感染力，使庭园景观如同一幅天然的图画，形成"一步一景，移步换景"的效果（图 2-17 ～图 2-23）。

图 2-17　通过不同形状的月亮门的门框景

图 2-18　通过窗框来框景

图 2-19　通过建筑构件（屋檐、女儿靠等）框景

图 2-20　通过高大的乔木框景

图2-21　通过围墙框景

图2-22　通过任意开合的屏风、隔断框景，
屏风的移动性使"图框"也可变化

图2-23　通过修剪过的树篱框景

手法5　漏　　景

漏景是透过景墙或建筑的漏窗，或其他景物的间隙或透漏空间，将其他景物引入进来。

漏景与框景最大的区别在于漏景比较含蓄，有"犹抱琵琶半遮面"的感觉，将外围景观渗透进来，营造若隐若现、隐隐约约的景观效果，有种朦朦胧胧的艺术感染力，是该处景观的补充或延续（图2-24）。而框景明确干脆，其引入的外围景观是一幅清晰、主题明确的景观效果，是该处的主景。

图2-24　透过窗棂漏景

手法 6 夹　景

在游人的视域范围内，两侧夹峙的流畅的透视观景为夹景。

夹景一般位于主景或对景前，诱导、组织、汇聚视线和隐蔽视线，且通过左右两侧单调景色定向延伸来突出轴线或端点的主景或对景，借此来美化风景构图效果，具有增加景深的造景作用。

夹景常采用植物、岩石、墙垣、建筑、雕塑等营造。夹景是一种具有比较明显的强制性的造景手法，一般用于景观处于水平视线比较宽广，且其自身不突出的情况下，利用用植物（图 2-25）、岩石（图 2-26）、墙垣（图 2-27）、建筑（图 2-28）、柱廊（图 2-29）等形成屏障，制造狭长的左右被阻挡的空间，来突出端景的地位，增加了景深，使其有生动感。

图 2-25　日本京都仁和寺灵明殿利用植物夹景

图 2-26　澳大利亚 Olinda 庭园中通过岩石夹景

图2-27　上海静安雕塑公园中通过墙垣夹景

图2-28　日本京都妙心寺通过建筑夹景

图2-29　日本京都仁和寺北庭通过柱廊夹景

手法7　对　　　景

对景所谓"对"，就是相对之意。相互为景，相互观赏。对景分为正对和互对。对景一般设于道路尽头、入口对面、广场焦点。正对是指在视线的终点或轴线的一个端点设景成为正对，这种情况的人流与视线的关系比较单一；互对是指在视点和视线的一端，或者在轴线的两端设景称为互对，此时，互对景物的视点与人流关系强调相互联系，互为对景。如图2-30所示苏州留园中的绿茵和寒碧山庄互为对景；再如图2-31所示莫奈花园中通过花架使莫奈故居和对面的田字形花圃互为对景。

图 2-30 非轴线对景

图 2-31 轴线对景

手法8 添　　景

当游人观赏远处景观时，中间没有过渡，为了使之层次丰富，增加景深感，增设景点为添景。常采用雕塑、岩石、造型优美的树木或花卉等来形成。如图 2-32 中在岩石中放置的岩石瀑布和图 2-33 中的小和尚雕塑。

图 2-32 岩石瀑布添景

图 2-33 雕塑添景

素材篇

模块三 风格与流派

"人类——被逐出伊甸园的亚当与夏娃的子孙——一直在期待重返失于一旦的乐园，为此他们世代相继地在这片大地上创造出一个又一个庭园。"——针之谷钟吉

庭园的分类从它们的平面布局上，基本上可分为自然式与规则式；从地域上讲，每个民族都有其独特性。本书仅选取中国、日本、东南亚和欧洲四种较常见的风格简述其特征。

风格 1 意境派的中国园林

1.1 古典中式庭园

中式庭园以再现自然山水为设计的基本原则，追求建筑和自然的和谐，达到"天人合一"的效果。但中式庭园并不是简单地模仿，而是"本于自然，高于自然"，把人工美和自然美巧妙地结合起来。根据庭园的景观形式、特点，古典中式庭园主要可分为岭南园林、江南园林、皇家园林等风格。

1. 岭南园林

岭南是中国南方五岭之南的概称，其境域主要涉及福建南部、广东全部、广西东部及南部，其园林景观特色以"粤中四大园林"为代表，分别指佛山市顺德区的清晖园、佛山市禅城区的梁园、番禺的余荫山房和东莞的可园四座古典园林。传统的岭南园林服务对象以富商文人为主，因此岭南园林总体风格鲜明，文化氛围浓郁、山水雕工奇秀。

图 3-1 为清代举人邬彬的私家花园余荫山房，始建于清代同治三年，占地面积 1598m²，典型的岭南园林风格，从余荫山房平面图可以看出，其占地面积及规模较小，布局中以建筑为园林主体。

岭南园林中的建筑十分注重其屋顶形式、屋脊式样和封火山墙的轮廓，十分强调脊饰的艺术造型作用，其脊饰多用灰塑彩描，且建筑色彩较为艳丽，如余荫山房的门厅（图 3-2）、深柳堂（图 3-3）、浣红跨绿桥（图 3-4）、来薰亭（图 3-5）等。

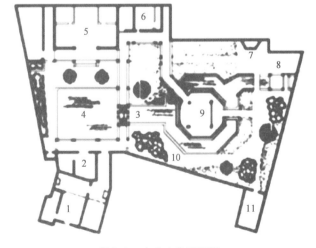

图 3-1 余荫山房平面图

1—门厅 2—临池别馆 3—浣红跨绿桥 4—荷池
5—深柳堂 6—卧瓢庐 7—来薰亭 8—孔雀亭
9—玲珑水榭 10—南山第一峰 11—杨柳楼台

图3-2　余荫山房门厅及门厅脊饰

图3-3　深柳堂

图3-4　浣红跨绿桥　　　　　　　　　　　　　图3-5　来薰亭

2. 江南园林

　　江南园林是中国古典园林的杰出代表，它特色鲜明地折射出中国人的自然观和人生观。它凝聚了中国知识分子和能工巧匠的勤劳和智慧，蕴涵了儒释道等哲学、宗教思想及山水诗、画等传统艺术。江南古典园林中，以江南"四大名园"为代表，即南京瞻园、苏州留园、苏州拙政园、无锡寄畅园。

江南古典园林服务对象多为王公贵族、官商地主，总体风格体现为"虽由人作，宛自天开"的艺术原则，讲究移步换景，意引借景生情，整体观之，自然朴素、淡雅、精致。

如图3-6所示，留园为明清时代的私家园林，园林选址于闹市，辟园于小巷深处，闹中取静，建园者通过艺术构思和人工手段在咫尺中营造城市山林之境。

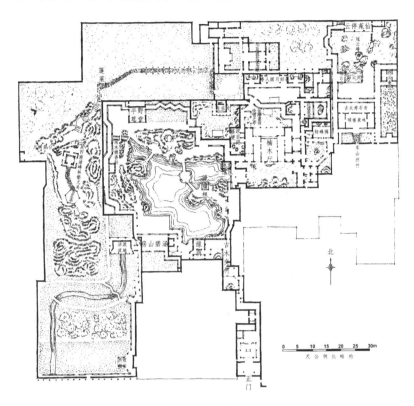

图3-6　留园平面图

江南私家园林的空间特征多数为封闭性的内敛空间，园林基本与园外空间相隔绝，为了使封闭的小环境空间层次丰富，江南园林于是将园内大空间分成若干个不等的小空间，通过院门、漏窗等渗透手法以及空间对比、延长观赏路线等形式来解决空间的约束和限定，达到小中见大的效果。

江南庭园中多使用花木，并注意花木的形态、内涵，如玉堂春富贵等。玉堂春富贵又指白玉兰、海棠、迎春、牡丹、桂花。

在园林布局上，江南园林更多见的是居住区和园林区明显地分隔，园林区的建筑物主要为点缀，园林区景观要素布局多为向心布局。

江南园林建筑素雅精巧、平中求趣、拙间取华、追求意境，如图3-7所示的亭子，《释名》中说，"停也，道路所舍，人停集也"。苏州留园中有亭名"可亭"，指此处有景可以停留观赏。《水经注》中有"目对鱼鸟，水木明瑟"，故图3-8所示留园明瑟楼由此得名，此处环境雅洁清新，有水木明瑟之感，故借以为名。留园中的涵碧山房，建筑面池，水清如碧，涵碧二字不仅指池水，同时也指周围山峦林木在池中的倒影，宋朱熹诗"一水方涵碧，千林已变红"，故借以为名。

3. 皇家园林

皇家园林在古籍里面称之为"苑""囿""宫苑""御苑"，其最大特点便是"皇家气派"。

皇家园林中颐和园是我国保存最完整、最大的皇家园林，也是世界上著名的游览胜地之一，颐和园的面积达290cm^2，其中水面约占3/4，如图3-9所示。整个园林以万寿山上高达41m的佛香阁为中心，根据不同地点和地形，配置了殿、堂、楼、阁、廊、亭等精致的建筑。整个园林艺术构思巧妙，在中外园林艺术史上地位显著，是举世罕见的园林艺术杰作。

图3-7　中国古典亭与榭

图3-8　明瑟楼及涵碧山房

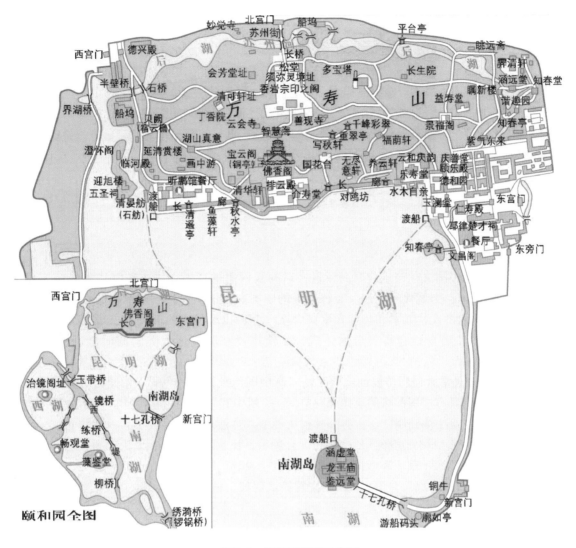

图 3-9　颐和园平面示意图

　　颐和园主要由昆明湖和万寿山两部分组成，昆明湖原名西湖，万寿山原名瓮山，万寿山前山为颐和园的主要景区，如图 3-10 所示，其景观要素以建筑群体中主要建筑的轴线为中心轴线，两翼对称，退晕布局。南北轴线从长廊中部起，依次为排云门、排云殿、德辉殿、佛香阁等，其中佛香阁（图 3-11）型体高大、红墙碧瓦、气派宏伟，是全园的中心。

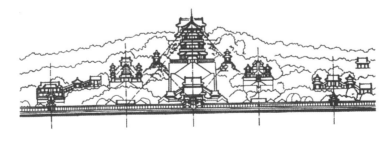

图 3-10　万寿山中央建筑群立面上的轴线和几何对立关系

　　具体言之，皇家园林规模宏大、建筑富丽，具有浓重的皇权象征寓意，且也广泛吸收江南园林的诗情画意，如引进江南园林的造园技艺、再现江南园林的主题、仿制复制名园等。

图 3-11 万寿山佛香阁

1.2 新中式庭园

"新中式"是传统中国文化与现代时尚元素在时间长河里的邂逅，以内敛沉稳的传统文化为出发点，融入现代设计语言，为现代空间注入凝练唯美的中国古典情韵，它不是纯粹的元素堆砌，而是通过对传统文化的认识，将现代元素和传统元素结合在一起，以现代人的审美需求来打造富有传统韵味的景观，让传统艺术在当今社会得到合适体现，让使用者在欣赏现代美的同时能感受到传统文化神韵。

"新中式"的特点是常常使用传统的造园手法、有中国传统韵味的色彩、中国传统的图案符号、植物空间的营造等来打造具有中国韵味的现代景观空间。"新中式"景观植物设计区别于中国古典园林植物设计的特点在于，它更为简洁明朗。古典园林植物种植以自然形、多层次多品种植物混植，而"新中式"景观植物种植以自然型和修剪整齐的植物相配合种植，植物层次较少，多为二至三层，一般为乔木层＋地被层＋草坪或大灌木＋草坪等形式，品种选择也较少。

如图 3-12 所示的新中式庭园，该庭园植物配置简洁明朗，植物层次较少，在硬质景观中，运用现代材质、古典元素形成了典型的"新中式"庭园景观。

图 3-12 新中式庭园

"新中式"的设计手法主要有两种，一是复兴传统法，即把传统的当地修建和设计的方法、基本构筑坚持下来，突出特色，删去某些过于烦琐的细节，着重形式主义；二是重新诠释传统法，只是运用传统修建的符号到达标识的效果，着重文明感和意境上的相似，在表现方法上较为接近后现代主义的手法。

风格 2 精致派的日本园林

日本园林早期受中国的影响，但在长期发展过程中形成了日本自己的特色，产生了多种式样的庭园，主要有池泉园、筑山庭、平庭、茶庭等。

池泉园以水池为中心，布置岛、瀑布、土山、溪流、桥、亭、榭等。在大型庭园中还有"回游式"的环池设路或可兼作水面游览用的"回游兼舟游式"的环池设路等，如图 3-13 所示为日本宇治平等院。

筑山庭是在庭园内堆土筑成假山，缀以石组、树木、飞石、石灯笼的园林构成。一般要求有较大的规模，以表现开阔的河山，常利用自然地形加以人工美化，达到幽深丰富的景致。日本筑山庭中的园山在中国园林中被称为岗或阜，日本称为"筑山"（较大的岗阜）或"野筋"（坡度较缓的土丘或山腰）。日本庭园中一般有池泉，但不一定有筑山，即日本以池泉园为主，筑山庭为辅。图 3-14 为京都东福寺筑山庭。

图 3-13 日本宇治平等院

图 3-14 京都东福寺筑山庭

平庭即在平坦的基地上进行规划和建设的园林，一般在平坦的园地上表现出一个山谷地带或原野的风景，用各种岩石、植物、石灯和溪流配置在一起，组成各种自然景色，多用草地、花坛等，如图 3-15 所示，旧芝离宫恩赐庭园。根据庭内铺材不同而有芝庭、苔庭、砂庭、石庭等。图 3-16 为京都退藏院的阳之砂庭（枯山水）。在日本庭园中，枯山水是日本特有的造园手法，源于日本本土的禅宗寺院。在庭园内铺白砂，缀以石组或适量树木，即以砂为水、以石为山，实则无山无水，尽显其意境。

图 3-15 旧芝离宫恩赐庭园

图 3-16 京都退藏院的阳之砂庭

根据其精致程度，平庭和筑山庭都有真、行、草三种格式。

茶庭也叫露庭、露地，是把茶道融入园林之中，为进行茶道的礼仪而创造的一种园林形式。面积很小，可设在筑山庭和平庭之中，一般是在进入茶室前的一段空间里，布置各种景观。

茶庭的构成有垣塀（土围墙）、露地门、腰挂（用于休息的坐凳）、待合（等待室）、雪隐（厕所）、石灯笼、蹲踞（用于茶客洗手的低矮洗手钵）、尘穴（尘壶，用于盛垃圾的地方）、步石（在庭园中用于步行的石块，分为铺石、飞石、汀石和阶石等）及躏口（茶客的出入口）等。其中步石、蹲踞、石灯笼可见图 3-17。园林气氛是以裸露的步石象征崎岖的山间路径，以地上的松叶暗示茂盛森林，以蹲踞式的洗手钵象征圣洁泉水，以寺社的围墙、石灯笼来模仿古刹神社的肃穆清静。这一切都是日本茶道所讲究的“和、敬、清、寂”（图 3-18）。

图 3-17　步石、蹲踞、石灯笼

日本园林的精彩之处在于它的小巧而精致、枯寂而玄妙、抽象而深邃。大者不过一亩余，小者仅几平方米，日本园林就是用这种极少的构成要素达到极大的意韵效果。

图 3-18　15 世纪著名画家雪舟的茶亭

风格3　情趣派的东南亚园林

东南亚园林是以泰式园林为代表的热带园林，东南亚景观继承了自然、健康和休闲的特质，注重遮阳、通风、采光的应用。

东南亚园林的设计元素比较特别，通常是具有象征意义的雕塑、大面积的游泳池和热带植物。

东南亚景观雕塑具有浓厚的宗教色彩，精美得令人惊叹，通过雕塑诉诸视觉的空间形象来反映现实，因而被认为是最典型的造型艺术、静态艺术和空间艺术，如图3-19所示。东南亚景观离不开水景制作，水景面积占总景观面积的20%以上。例如，小花园面积100m²左右，泳池面积多数在30m²左右，泳池底部多使用天蓝色，多数都与建筑连成一体。东南亚园林除了选用常见的热带植物，如椰子树、绿萝、铁树、橡皮树、鱼尾葵、菠萝蜜等进行绿化配置，还把一些古树名花作为庭园的象征物，最典型的就是"五树六花"，五树是指菩提树、高榕、贝叶棕、槟榔和糖棕，六花是指荷花、文殊兰、黄姜花、鸡蛋花、缅桂花和地涌金莲，其重要原因是受南传佛教的影响。

东南亚园林还原最自然的热带风情，给人以随性、热情奔放的感觉。整体风格休闲浪漫、回归自然、简朴舒适、色彩沉稳大气、空间开敞通透、典雅静谧、有着浓浓的热带度假风情（图3-20）；整体色彩偏爱自然的原木色和宗教色彩浓郁的神色系，如深棕色、黑色、褐色、金色，同时还有鲜艳的陶红和庙黄色，受西式设计风格影响后浅色系也比较常见，如珍珠色、奶白色。

图3-19　巴厘岛母神庙庭园

图3-20　乌布画宫博物馆庭园

风格4　情理派的欧陆园林

4.1　意式庭园

特点：台地园，如图3-21所示。

设计理念：台地园的造园模式是在高耸的欧洲杉林的背景下，自上而下，借势建园，房屋建在顶部，向下形成多层台地；中轴对称，设置多级瀑布、叠水、壁泉、水池；两侧对称布置整形的树木、植篱及花卉，以及大理石神像、花钵、动物等雕塑。

常见元素：雕塑、喷泉、台阶水瀑。

设计原则：继承了古代罗马人的园林特点，采用了规划式布局而不突出轴线。在沿山坡引出的一条中轴线上，开辟了一层层的台地、喷泉、雕像等，植物采用黄杨或柏树组成花纹图案树坛，突出常绿树

而少用鲜花。庭园对水的处理极为重视，借地形台阶修成渠道，高处汇聚水源引放而下，形成层层下跌的水瀑，利用高低不同的落差压力，形成了各种不同形状的喷泉，呈塔状，或将雕像安装在墙上，形成壁泉。作为装饰点缀的小品形式多样，有雕镂精致的石栏杆、石坛罐、碑铭，以及以古典神话为题材的大理石雕像等。

图 3-21　意式庭园

4.2　法式花园

特点：宫廷式。

设计理念：园林的形式从整体上讲是平面化的几何图形，也就是以宫殿建筑为主体，向外辐射为中轴对称，并按轴线布置喷泉、雕塑。树木采用行列式栽植，大多整形修剪为圆锥体、四面体、矩形等，形成中心区的大花园。茂密的林地中同样以笔直的道路通向四处，以方便到较远的地方骑马、射猎、泛舟、野游，著名的凡尔赛宫的花园可谓经典之作，如图 3-22 所示。

常见元素：水池、喷泉、台阶、雕像。

设计原则：法国造园艺术在一定程度上受台地式园林的影响，剪树植坛，构建喷泉，但法国地势平坦，在园林布局的规模上，显得更为宏大和华丽。采用平静的水池（图 3-23）、大量的花卉，在造型树的边缘，以时令鲜花镶边，成为绣花式画坛，在大面积草坪上，以栽植灌木花草来镶嵌组合成各种纹理图案。

图 3-22 凡尔赛宫花园（摄影 王佳玮）

图 3-23 法国罗斯柴尔德园林（摄影 王佳玮）

4.3 英式花园

特点：自然式风景园，如图 3-24 所示。

图 3-24 英国剑桥大学园林（摄影 王佳玮）

设计理念：讲究园林外景物的自然融合，把花园布置得有如大自然的一部分。无论是曲折多变的道路，还是变化无穷的池岸，都需要天然朴野的图画式花园。园林支配建筑，建筑成了园林的附加景物。

常见元素：藤架、座椅、日晷。

设计原则：英式花园追求自然，渴望一尘不染，没有浮夸的雕饰，没有修葺整齐的苗圃与花木，园艺师的巧妙布置使花园如同大自然浑然天成的杰作。

4.4　德式庭园

特点：人为痕迹重，突出线条和设计，如图 3-25 所示。

图 3-25　德国无忧宫（摄影 王佳玮）

设计理念：理性主义、思辨精神和严谨而有秩序。

常见元素：修剪、设计、搭配。

设计原则：德国的景观设计充满了理性主义的色彩。按各种需求、功能以理性分析、逻辑秩序进行设计，景观简约，反映出清晰的观念和思考。

简洁的几何线、形，体块的对比，按照既定的原则推导演绎，它不可能产生热烈自由随意的景象，而表现出严格的逻辑，清晰的观念，深沉、内向、静穆。自然的元素被看成几何的片断组合，自然与人工的冲突给人强烈的印象。

4.5　地中海式庭园

特点：休闲、舒适，如图 3-26 所示。

设计理念：一个成功的地中海式风格庭园是两方面因素的结合，其一是不加修饰的天然风格，其二是对色彩、形状的细微感受。总体是不规则风格，庭园中的每一个元素都在表达悠闲和纯朴的生活方式。

常见元素：美食、陶罐、餐桌。

设计原则：地中海风格的庭园总能在人们的脑海中唤起些鲜明的意象，如雪白的墙壁、陶罐中摇曳生姿的粉红色九重葛和深红色天竺葵、内院和油橄榄树、铺满瓷砖的庭院、喷泉、从棚架和梯级平台上悬垂下来的葡萄藤等。室内和室外的分界线被有意

图 3-26　地中海式庭园

地模糊了；大的露天餐厅、花架、阳伞是园内的最常见的内容。水也是必不可少的要素，深蓝色的泳池、鲜红的花组织出地中海庭园的强烈色彩。

模块四　庭园构成元素

空间的比例和尺度、建筑表皮的材质和肌理、植物的类型和位置、铺地的形态和色彩——它们之间的关系是决定环境质量的重要因素。在景观设计过程中我们需要赋予空间以特定的品质，创造一种自然而然的视觉舒适感。而在视觉空间中，最为突出的则是构成园林空间的景观元素，它们的不同组合创造出丰富的空间层次。

庭园构成要素主要分为实体元素和虚元素。实体元素是指物质元素，大概可归纳为地形、水体、植物、铺装、山石、建筑等；虚元素是指文化元素、情感元素和时间元素这三种元素。景观设计者常用各种景观设计元素来展现他们的设计理念，使观者通过品味、触摸、聆听甚至思索去感受空间中的自然性、文化性、地域性等。

随着人们对环境的重视，世界各国从 20 世纪 60 年代就已经开始了生态园林的研究和探索。园林作为一项可以改良环境、创造环境的活动，对环境的优化意义重大，我们更应该仔细、透彻地研究园林的各个组成元素。

元素1　地　　形

地形主要指地势的起伏变化，是景观设计中的基础因素，也是构成景观的基本骨架。地势的总体坡度，地势走向以及地势起伏等都直接影响设计，所以，在景观设计元素中，地形是我们首先要熟悉的概念。《园冶》中就主张巧妙利用地形，适应自然，"园基不拘方向，地势自有高低；涉门成趣，得景随形，或傍山林，欲通河沼。""相地合宜，构园得体。"地形设计处理是否得当，是创造优美景观的关键，也是景观设计师的基本技能。

1.1　功能

地形本身具有显著美学特征，能够限定空间、控制视线、创造良好的生态价值，从而影响人们对户外环境的范围和气氛的感受。

1. 限定空间

园林景观是一种视觉的空间艺术。在自然界中，空间是无限的，只能通过物质限定感受它的存在。景观设计正是对既定的空间进行营造，从而在有限的园林空间中创造出无限的艺术体验。对于景观空间，可起到限定作用的介质很多，任何实物都可对空间进行覆盖，或是作为空间的边界。其实天然的地形本身就已形成空间，比如山丘顶部的开敞空间（图4-1），山谷间相对的封闭空间（图4-2）；一条河的横跨使空间分为两个部分，彼此之间可以俯瞰，却不易通达（图4-3）；一小片水面可以形成空间围合的核心空间。

图 4-1　山顶

图 4-2　山谷

图 4-3　河流

　　地形中地块的平面形状、地块的竖向变化都影响园林空间甚至起到决定性的作用，从小规模的私密空间到开敞的公共空间，或从流动的线形谷底空间到静止的盆地空间，都可以利用地面、坡度、轮廓线的不同组合，来塑造空间的不同特征。

2. 控制视线

　　地形具有潜在的视觉特性，在园林景观中能将视线导向某一特定点，对固定点的景物和视线范围产生影响。景观设计通过利用地形起伏的遮挡、显隐作用，引导空间使景观逐步呈现，形成连续景观序列，或完全遮挡通向不良景观的视线（图 4-4）。

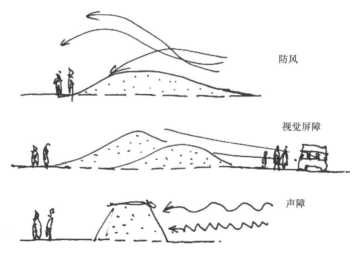

防风

视觉屏障

声障

图 4-4　地形对视线的控制

例如，凸地形呈发散状，能使空间不断延伸。可以设计成观景场所，也因其地势高、景物突出，可以成为造景之地。凹地形比周围环境的地势低、空间集聚，视线相对封闭。其低凹处能聚集视线，可布置景物或设置表演场所，坡面既可观景也可布置景物（图4-5）。在环境中为了让视线停留在某一特殊焦点上，我们可将视线的一侧或两侧的地形抬高，这样，视线两侧的较高地面形成视野屏障，遮挡分散的视线，从而使视线集中到景物上。不同的地形还可在水平方向创造环视、半环视、夹视等景观序列，也可以在整体上创造俯瞰、平视、仰视等景观角度（图4-6、图4-7）。

图4-5　凸凹地形特点

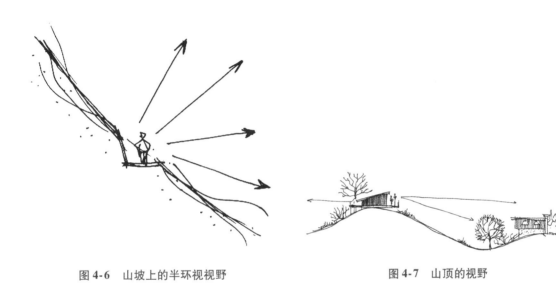

图4-6　山坡上的半环视视野　　　　　　图4-7　山顶的视野

3. 塑造景观

地形作为构成景观的基本骨架，是建筑、植物、山石、水体等景点的背景。处理地形与景物之间的关系，需仔细推敲景物的方向、体量、色彩、质感、造型等内容，通过视距的控制保证景物和地形背景之间有较好的构图关系，实现与环境的协调。在地形处理中，尽可能地综合利用不同的地形地貌，形成峰峦、崖壁、洞窟、湖池、溪涧、草原、田野等丰富的地形景观，这些地形各有特点，峰峦雄伟壮丽，湖池淡泊清远，而溪涧则生动活泼、灵巧多趣。

4. 改善生态

地形可影响园林某一区域的光照、温度、风速和湿度等，以改善小气候和植物的种植条件，能提供阴、阳、缓、陡等多样性环境。从采光方面来说，南向坡面有充足的日照，一年中大部分时间都保持较温暖的状态。从风向利用而言，利用地形可巧妙地阻挡不利风向，引入有利风向。如利用脊地或土丘等，可以阻挡刮向某一场所的冬季寒风，见图4-4。而两个高地之间形成的谷地或洼地空间，则有利于形成山谷风，如进行合理的设计也有利于引导风向。同时，还可利用地形的自然排水功能，形成干、湿不同的环境，调节小气候，来获得良好的观赏环境。

1.2　类型

在规则式园林景观中，地形一般表现为不同标高的地坪、层次；在自然式园林景观中，则根据地形的起伏，可分为高原、山地、丘陵、平原、盆地、裂谷等。在这里我们主要介绍微地形的分类，总的可

归纳为高起地形、低矮地形和凹入地形。

1. 高起地形

在高起地形中，平时最常见的是坡地。坡地具有动态的景观特性，有利于形成动态的布局形式，即坡度的明显变化。通过台阶、眺台及挑台的运用，自然坡度的变化得以强化和夸张，也为景观空间增加了趣味性（图4-8）。坡地具有良好的排水功能。有建筑物的地方，来自上游的地下水和地表径流一般需要拦截和改道，但也可让其从悬空的建筑物底部通过。斜坡可创造出许多珍贵的水景特性。瀑布、跌水、喷泉、涓流和水幕的存在显然为规划创造了良机。

2. 低矮地形

在低矮地形中，对平地进行规划则是用得最多的处理方式。平地规划的限制性最小，是所有地形中最利于形成单元结构、晶体结构或几何状规划格局的（图4-9）。所以，在景观园林中运用得很多。在建设过程中常把现有地形进行平整塑造成宽阔平坦的地形，便于绿化设计施工以及植物的后期维护，场地内的道路规划也不受地形的限制，其中的景物基点都处于同一个水平面上，在视觉上给人以强烈的连续性和统一性。但相对而言，平地景观趣味较少，处理不好

图 4-8　高起地形利用眺台和挑台强化景观空间

容易单调。设计趣味的产生依赖于空间与空间、物体与空间及物体与物体之间的关系，需通过各种手段提高、强化构筑物本身的特点。

 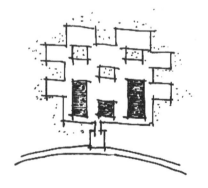 

图 4-9　平底的平面布局

3. 凹入地形

凹入地形常见形式有岫和洞。《说文》中写道："岫，山穴也。"岫是不通的浅穴，位于山岩或水边，由水冲击岩石而形成，所以这类山洞内壁光滑。洞较岫更深，有上下曲折，可贯通山腹，有的内部形成洞穴系统，如自然景观中桂林七星岩的洞口。凹入地形设计关键在于结合地形，顺应自然，就地取材，追求天趣。

1.3　设计

一个景观工程的开发要以分析自然地形特征为基础，使自然和人工环境达到和谐，或创造一个完全

的人工景观。无论在何种情况下进行相关设计，我们都要先了解地形的表现方式。

1. 表现方式

（1）**等高线法**　等高线法是指用等高线表示地形的方法，也是地形最基本的图形表示方法，它参照某个水平面，用一系列等距离假想的水平面切割地形后所获得交线的水平正投影图来表示地形（图4-10～图4-12）。

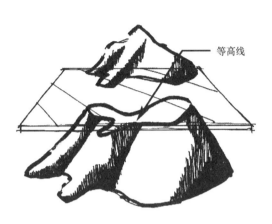

图4-10　水平切割

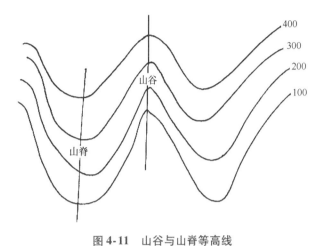

图4-11　山谷与山脊等高线

注：注意等高线的数值变化与曲线凸出的关系，凸高为谷，凸低为脊

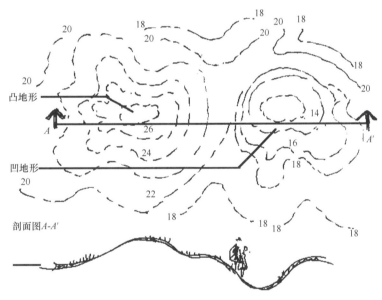

图4-12　凸地、凹地等高线及剖面

（2）**坡级法**　在地形图上，用坡度等级表示地形的陡缓和分布的方法称作坡级法。这种图示方法较直观，便于了解和分析地形，常用在基地现状和坡度分析图中（图4-13）。

（3）**高程标注法**　高程是指某点沿铅垂线方向到绝对基面的距离，称绝对高程，简称高程。某点沿铅垂线方向到某假定水准基面的距离，称假定高程。当需要表示地形图中某些特殊的地形点时，可用十字号或圆点标记这些点，并在旁边注明该点到参照面的高程。高程标注写到小数点后第二位，这些点常处于等高线之间（图4-14）。

除了上述方法之外，我们还可以用模型和剖面图来表现地形（图4-15、图4-16）。通过裁剪和叠加几张沿等高线有精确厚度的塑料、夹板或层板形成地形，模型比平面图、剖面图更形象，我们就可以清楚地了解构造和性质。依据模型拍摄的透视图或鸟瞰图常用作设计的参考。

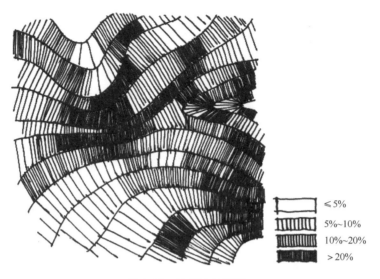

图 4-13　坡级法地形图

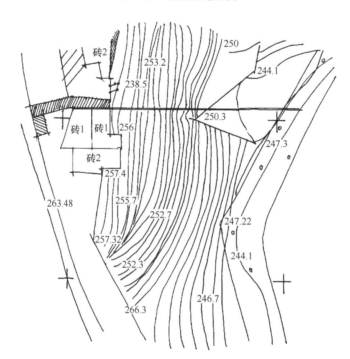

图 4-14　高程标注法地形图

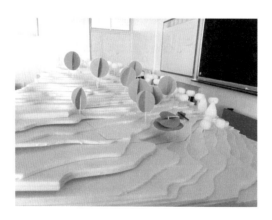

图 4-15　模型表达地形

图 4-16　地形剖（立）面图

2. 具体手法

在景观设计中，我们可以适当地改变地形，或者因地制宜加以修整和利用（图 4-17）。在地形改造的过程中，要注意土方平衡，以及避免产生太大的土方量。因为大规模地改造地形违背了景观设计的基本精神，即寻求人与自然的和谐相处，同时人力和资源投入都会增多。

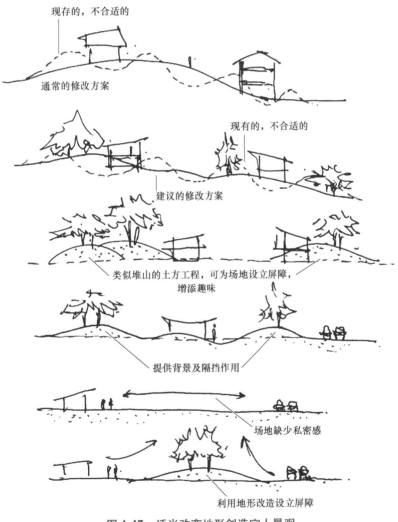

图 4-17　适当改变地形创造宜人景观

主要可采取以下手法：

（1）**强化** 高起地形的内在自然特征可以被强化。其高度和坡度的改变，可以使突出的地形特征得以加强（图4-18）。

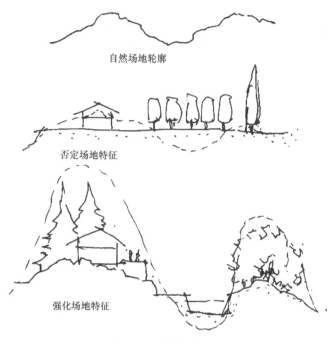

自然场地轮廓

否定场地特征

强化场地特征

图4-18 强化地形法

（2）**协调** 未受干扰的自然景观处于相对静态的平衡之中，它有自身的秩序，所表现的各种形态都是地质结构、气候与其他自然力量的综合表现形式。在设计时需要综合地考虑地形环境，使其他景观设计元素与地形融合，而形成一个有机的整体。比如，在布置自然式的山水园林时，要对山高、水深以及周围环境的关系、比例尺度有全面的考虑。

（3）**对比** 一个物体的形状、颜色和结构可以通过对比得到加强。把对比元素引入景观，可以加强和丰富空间的视觉效果（图4-19）。

图4-19 对比地形法

在景观设计中，设计者既需要借鉴前人对地形处理的经验总结，也要科学地分析地形本身具有的美学特征和生态价值，以及在限定空间、控制视线方面的作用，从而因地制宜地处理地形。

元素 2 水 体

水体是庭园景观设计的一个重要元素。水能形成不同的形状和态势，中国传统园林就注重山水结合，在现代景观设计中，庭院、景观路、广场设计都会因水体而增色，它从听觉、视觉以及触觉上促进环境的整体效果。水体根据其自身形态和周围环境，可以表现为湖泊、河流、池塘、瀑布、潭、溪涧、喷泉、跌水、壁泉等形式。其状态可以是静态的，也可以是动态的。

2.1 功能

1. 调节小气候

水是动物、植物赖以生存的生命之源。水体在调节环境小气候方面有着重要作用。无论是大自然环境还是人工的局部小环境里，潮湿的空气和在水中生长的植被都会使极端的环境得到缓解。这主要表现在增加空气湿度、降低温度和调节通风状况，甚至兼具消防用水等功能；水体还能够吸附尘埃，净化空气；减弱周围环境带来的噪声，以水面作为空间隔离，是最自然的方法。

2. 烘托景观

平静的水面能起到镜面作用，利用大面积的水面作周围环境的背景，能扩大和丰富空间，并烘托景观，收纳万象于其中，就如朱熹诗中所写"半亩方塘一鉴开，天光云影共徘徊"。水面满盈而平静，会映射出千变万化的天空；水面如果浅而暗，它就能反映附近的日光照射下的物体。水面有平远开阔，也有细小曲折。王勃在《滕王阁序》中写道："落霞与孤鹜齐飞，秋水共长天一色"。以水为基面，还可以达到用小空间营造大景观视野的效果（图4-20）。

图4-20 水体景观

3. 增加趣味

人们对水的亲近感是与生俱来的，在户外环境中，有水的地方也常常成为人们休闲的场所。人们喜欢近距离地与水接触，特别是儿童，喜欢在较浅的水中嬉戏，成人喜欢在广阔的水域划船和垂钓。在设计上，还可利用现代技术来营造趣味水景，如利用数字多媒体技术，结合音乐、水、灯光的变化组合，形成音乐喷泉，不仅带给人们视觉上的享受，同时也可使景观具有参与性和趣味性（图4-21）。

图 4-21 富含趣味的水景

4. 焦点作用

水对人有着不可抗拒的吸引力，这也正是我们在景观设计中喜欢运用水体的原因。水由于其所具有

的独特性，能对人产生感官刺激，在城市中起到视觉焦点的作用，常成为区域景观地标，赋予环境独特的品质。动态水景的水墙、跌水、瀑布、喷泉等，通过水的流动形态和声响来吸引人的注意力，如广场上的喷泉成为人们的约会地点。处理好水体的位置、比例和尺度的关系，将其安排在轴线或向心空间的焦点上，或者空旷处与视线容易集中的地方，则能够充分发挥水体的聚焦作用，形成景观中心（图 4-22）。

2.2 类型

当水被运用于景观设计时，根据水的来源不同，可分为自然水景、人工水景和混合式水景。根据水体状态可分为静态水景和动态水景。

1. 按来源分类

（1）**自然水景**　自然水景一般称自然式布局，是将因形就势的自然景观呈现给游人的水景。在庭园景观设计中可优先利

图 4-22 雕塑与水景共同塑造焦点景观

用自然水景，根据整体需求，加以改良或改造。这样最能够反映出大自然的魅力，对人们的吸引力强，深受游人的喜爱。比如山间细流，它顺自然的地势而下，最终汇入河流（图 4-23）。

图4-23　苍山自然水景

（2）**人工水景**　人工水景即通过人工开垦、挖掘、砌筑而形成的水景，平面多为规则的几何形，如圆形、方形、六角形、矩形等，周边整齐。人工水景有水池、喷泉、水渠、跌水等，一般布置在规则式园林、城市广场、公园、居住区等城市开放空间中（图4-24）。规则式水体包括对称式水体和不对称式水体。在庭园中，我们一般使用小尺度的水面，设置成水池，并配置植物和鱼，如有的庭园设计成"荷花池""睡莲池""金鱼池"等。

图4-24　人工水池

（3）**混合式水景**　混合式水景取前面两者之长，既充分利用原有的自然水体，又恰当地结合人工化的设计处理（图4-25～图4-27）。如人工开凿的仿自然湖泊池沼、溪涧泉瀑等，具有自然形态，其轮廓形状随地形而变化，因形就势，轮廓柔美，可自成景观要素，具有观赏性。自然式园林中常采用这类水体，如中国传统园林中的留园、拙政园等。

2. 按水流形态分类

（1）**静态水景**　静态水景主要突出静水之美，是指水体不流动，或流动相对缓慢，水面相对平静，常利用大面积的水面营造"明镜止水"之势。静态水景主要包括湖泊、潭、塘等，给人恬静、安逸的感受。水景周围景物倒映在水中，体现出虚实结合的静谧，并能丰富景观层次，扩大景观的视觉空间（图4-28）。

（2）**流动水体**　流动水体是水体由于地形落差，沿地表斜面流动，

图4-25　混合式水景

图 4-26　规则式水池

图 4-27　自然与人工结合的水景

图 4-28　拙政园的静态湖水

其动态效果受地形和水量的变化而变化。流动水体常呈现狭长的水体形式，被用来划分景观空间，如河流、小溪等。这种形式可以活跃环境的气氛，给人以清新明快、活泼兴奋、变化无穷的感受。

（3）**跌落水体**　跌落水体是以高度差造成水流垂直落下形成的水体景观。自然界的瀑布气势磅礴，具有坠落之美，同时也具聆听、观赏、遐想的景观特征。人工跌水利用天然或人工构筑的高程，顺其自然的流淌而下，强调水体层次，或是透射的朦胧美（图 4-29）。

（4）**喷出水体**　喷出水体是水在压力的作用下，向外喷射形成的水景。随着现代技术的发展，喷水的形式也变得丰富起来，如喷泉、涌泉、喷雾等，这也是现代水体运用很广的形式（图 4-30）。

水体流动、跌落、喷出产生的音响效果，给人以声形兼备的视觉与听觉感受。因此水体在当代园林景观设计中得到了非常广泛应用，是最受人们青睐的景观设计元素之一。

图4-29 人工瀑布

图4-30 喷泉

2.3 设计

1. 借鉴经验

我国水景设计历史悠久，历代的设计者创作出各种精妙的作品，为后世的设计留下了很丰富的经验，其中主要有：顺应自然、返璞归真、随曲合方、景以镜出、尺度宜人、比例适当、堆岛围堤、丰富层次、水有急缓、动静结合、主次分明、自成体系、山水相依，我们在水体设计中要懂得借鉴前人的经验。平面图中水体的快速表现方法如图4-31所示。

2. 因地制宜

我国幅员辽阔，地域宽广，每个民族、地域都有不同的特点，因此进行水体设计时不能生搬硬套，需要了解当地实际情况，深挖当地文化传统，利用当地资源，结合地方文化，设计出具有能反映地域文化特征的水景。

3. 协调环境

水体设计的基本原则是要带给人美的享受，使人放松其中，充分感受水的魅力，《园冶》中说道："疏水若为无尽，断处通桥"，讲的是一种处理手法，利用水体可以增加景深和空间层次，水体起到衬托作用，而不彰显自己，在设计时需确立环境空间要表达的主题，水体作为景观设计中的一个元素，在设计时要做好定位，注重整体性，与环境中的其他元素相协调（图4-32、图4-33）。

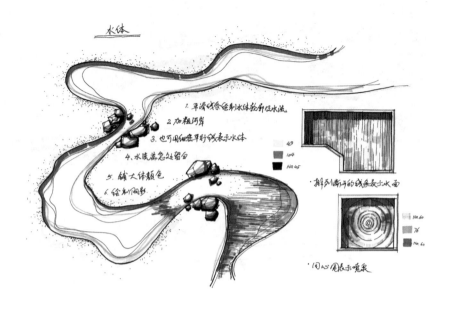

图4-31　水体的快速表现方法

图4-32　利用水体增加景深和空间层次

图4-33　大理大学校友林湖水

4. 可持续性

水景投入使用后，维护管养费用随之而来。如费用过高，将造成日后空有水景却用不起，或因没有资金维护而发黑发臭，反而给环境带来负面影响。因此在进行水景设计时就应考虑可持续使用问题：如何节能、节水、降低管理成本，又不会造成环境的污染。

5. 注重水际

地面和水体的交界线形成了一种特殊的限定水体的语言——驳岸，其设计应注重节奏有序。为更有效地利用周围地面，池塘和湖泊应先沿直线挖掘，然后再做曲线或转角处理，使水体流畅。同时，在湖岸任一点都不应看到全部水面，湖岸线应有几处隐藏，以增加情趣，使观察者可以发挥想象，这样水体的吸引力增加了，表现力也扩大了。

水体是景观设计中最富于变化的要素，可形成不同的形状和态势，也是中式园林的重要组成部分，与山、石、路径、树林、亭台、楼阁一起组成令西方震惊的中国园林景观文化。水的自然形态对水体形式产生影响，一切人工水景的效果都源于自然的启迪，我们需要因地制宜地运用水体的不同形式，从而获得良好的景观效果。

元素3 建　　筑

在景观设计中，建筑具有使用和造景双重功能，往往成为视线的焦点或控制全园的主景。景观环境因为有精巧、典雅的建筑存在而更加美好，满足人民游玩、观赏的需要。景观建筑功能简明，体量小，有高度的艺术性，既是生活空间，也是风景的观赏点；既是休息场所，又是园林景观。在传统园林中，建筑以其丰富多彩的类型和传统形象见长，既有交通联系功能或使用功能，又具主导作用，点缀环境，衬托景观；在现代景观环境中，如城市广场、公共绿地、居住区和公园之中，建筑是点缀与陪衬，小而精巧，顺其自然，渲染环境，给人以美妙的意境。

在景观设计中，建筑与周围环境协调处理可以提高景观质量，同时建筑本身也可以通过一定的布局，形成特有的风景。建筑形象明确、突出，易吸引游人的注意，在布局中能起到凝聚与导向作用。在进行庭园建筑设计时，要注意以下几点：

（1）**满足功能**　庭园建筑的布局首先要符合功能要求。园林中人流集中的主要建筑，如文化娱乐场所应注意集散，需靠近主要出入口、主要道路或广场，且不要影响其他游览区的活动。亭、廊、水榭等点景建筑应设在环境优美、有景可赏的地方。洗手间应分布均匀，要若隐若现，方便出入。

（2）**运用轴线**　群体建筑组合在任何环境中都会体现一定的轴线关系，尤其在主要入口采取对称布局，显露主要建筑，体现强烈的轴线关系。中国古典园林中皇家园林的建筑群以整点为中心，自宫门开始，至后端收尾的殿堂基本为一条笔直的中轴线。私家园林的格局形式多样，局部的建筑群仍多以正厅为主体，设置中轴线组成院落（图4-34）。

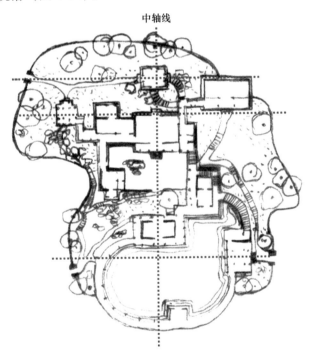

图4-34　北京香山公园见心斋建筑群体轴线

（3）**体现序列**　在景观设计中，建筑布局的空间序列，应体现起始、过渡、高潮、收尾等不同的活动空间，可采用大与小、高与低、疏与密等不同的处理方法。

（4）**布置灵活**　灵活布置建筑能够增添环境的趣味性，建筑围合形成独立的空间，或开敞或封闭，虽小但幽静，两侧建筑之间形成对景，又相互衬托，水景与建筑相互结合形成多角度的丰富景观。这样

的布局多见于江南的一些园林中。

（5）**相互协调** 建筑常常是园林景观的构图中心，但是有时形体规则显得呆板，缺少动感，则可以用树木多变的树冠线来调整建筑平直的轮廓，搭配植物满足整体景观的虚实关系。同时，还要注重建筑室内外的相互渗透，使空间富于变化，活泼自然，采取就地取材的方式，更能减少土石方量，节约投资。可采用以下方法：引入自然材料，如虎皮墙、石柱、山石散置、悬垂植物，或通过引入水体，在室内设自然式水池。注重空间的融合与渗透，如曲廊、回廊从主体建筑伸出，穿过原来的空间在建筑间起到联系作用，并达到空间渗透、增加景观层次的效果。

在园林景观设计中，建筑的形式和种类非常丰富，常见的有亭、廊、水榭、舫等。

3.1 亭

亭又称"凉亭"，源于周代，多建于路旁，主要为行人提供休息、乘凉或观景的场所，同时也是路边一景。《园冶》中说："亭者，停也。所以停憩游行也。"随着园林的发展，亭成了中国园林中的主要建筑之一。亭一般由几根立柱支撑屋顶，除少数有墙和门窗外，大多为通透设计，在柱间有坐凳、栏杆。它既是游人视线的落点，又是游人视线的起点，即指亭要满足游人观赏自然风景的需要，又要成为被观赏的自然风景中的一个内容。亭的作用主要体现在两个方面：其一是实用作用，为游人提供休息、休闲和观景的场所；其二是具有造景作用。它极具个性特征，是当前最具活力和最能发挥设计者想象力的一种建筑形式（图4-35）。

图 4-35 现代亭子丰富的形式

庭园中设置亭，其位置和造型显得尤其重要。其位置可以在水中、岸边，可以结合其他建筑而建、也可以在草坪上或空地上。《园冶》有言："花间隐榭，水际安亭，斯园林而得致者。惟榭只隐花间，亭胡拘水际，通泉竹里，按景山颠，或翠筠茂密之阿；苍松蟠郁之麓；或借濠濮之上，入想观鱼；倘支沧浪之中，非歌濯足。亭安有式，基立无凭。"这段文字很好地描述了庭园中亭的作用和位置。亭的设计应结合庭园的环境，选择在风景优良且能观赏风景的地方，这样，既可以为游人提供歇足休息的场所，同时也使之成为一处庭园美景。

亭的造型要结合庭园整体景观来设计，一般起画龙点睛的作用。亭从平面形式组合上可以分为单体式、组合式与廊墙结合式三种类型。其平面形状有三角形、方形、多边形、圆形、十字形等；千变万化的形式也带动了屋顶的变化，如分为攒尖顶亭、两坡顶、四坡顶、重檐亭等。亭的制作材料常采用砖竹木、茅草、石材、钢筋混凝土、金属等（图4-36）。

图 4-36 日本京都退藏院茅草亭

亭的形式繁多，布局灵活，山地、水际或平地都可设亭。亭的设计应注意与自然景物的有机结合，尺度适宜，色彩及造型上应体现时代性或地方特色。要在有限的建筑空间中追求无限的心理空间，也是景观设计中的意境所在。中国传统园林中常见亭的形式图例见表4-1。

表4-1　中国传统园林中常见亭的形式图例

编号	名称	平面基本形式示意	立面基本形式示意	平面立面组合形式示意
1	三角亭			
2	方亭			
3	长方亭			
4	六角亭			
5	八角亭			
6	圆亭			
7	扇形亭			
8	双层亭			

3.2　廊

廊是亭的延伸。通常把上方有顶盖的开敞式（四周无墙壁）或半开敞式（单面有墙壁）的长条形园林通道或走廊或过道称为廊。廊是在两个建筑物或两个观赏点之间有顶的过道，除具有休息、活动、遮

风避雨和交通联系的作用外，其重要的功能是划分空间，丰富空间层次，并有空间过渡、空间组织作用。通过对它进行艺术性布局，将一个个景点、空间串联起来，形成一个有机的整体，可达到"引人入胜"的目的。廊体形狭长、时拱时平、婉转多姿，或盘山腰，或穷水际。沿廊漫步，既像在室内，又像在室外，有很好的空间渗透作用。庭园中廊的形式和设计手法丰富多样，其基本类型，按廊的平面形式、总体造型及其与地形、环境的关系可分为：直廊、曲廊、回廊、抄手廊、爬山廊、叠落廊、水廊、桥廊等；按照横剖面形式分：有单面空廊、双面空廊、双层廊（又称楼廊）、复廊（又称里外廊）、暖廊、单支柱式廊等；按照功能分：休息廊、展示廊、候车（船）廊、分隔空间廊等；按廊顶形式分有坡顶、平顶和拱顶等。廊的结构形式虽然比较简单，但造型空间大，平面形式丰富，艺术感强（图4-37）。

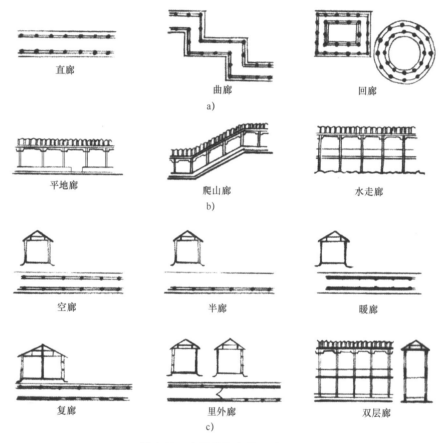

图 4-37　中国传统廊的几种形式

a）廊的平面形式　b）廊的位置与形式　c）廊的内部空间形式

在现代景观设计中，结合新材料、新技术以及新结构，廊的形式变化万千（图4-38）。

图 4-38　现代风格的廊架

廊的作用主要体现在三个方面：首先，廊具有实用功能，为游客提供遮风避雨、休息游憩、等候假寐、读书看报、漫步观景的场所；第二，廊还具有联系、分隔景区、景点和建筑空间的作用，既将不同的景区、景点联系成一个序列的空间整体，又将它们按照自己的特点分隔开，增加景深感，并引导最佳游览路线。廊还可以将不同的建筑联系起来，分隔成几个空间，这些空间既有联系又有分隔，它们相互隔而不断、相互渗透，形成你中有我、我中有你的既开敞又围合的丰富的景观空间，这样使得景区有"小中见大"的造景效果；第三，廊具有很强的造景作用，其本身的造型显得通透轻盈，其丰富多变的平面形式自由组合、或与建筑组合、或结合地形、或结合景观，组成独立完整的一个景点。

庭园中设置廊的位置，既可以单独，也可以结合建筑设立。廊对地形的要求不高，既可以平地建设，也可以与水景结合，也可以顺应地形或拾阶而上。

廊的常用材料有：竹木、砖石、金属、混凝土等。设计时要充分利用材料，结合环境需要，选择平面形式和造型，为庭园增添景色。

3.3　水榭

榭又称为水阁，《园冶》上说："榭者，借也。借景而成者也。或水边，或花畔，制亦随态。"榭是依据周围景观而构成的一种建筑物，现在多见以临水而建的水榭。在园林建筑中，榭与轩、舫等性质相近。它们的共同的特点是：既要满足休息、游览的一般功能需求，还要起点景作用，对丰富景观和游览内容有重要作用。不同点在于榭和舫多属于临水建筑，在选址、平面及造型艺术方面，需注意与周边环境中的水面和池岸协调配合，使其自然、妥帖。

水榭常见的平面形式一般是长方形，在水边架起平台，平台一部分架在岸上，一部分伸入水中，或者平台全部架在水中，平台周围设置栏杆或坐凳，其临水一侧设计成开敞式，或者建筑物的四周开敞，或四面做成落地门窗，屋顶一般设计成卷棚歇山顶，檐角低平，整栋建筑显得空透畅达，简洁大方。

现代园林中的水榭，有的功能简单，体量小，造型简洁，仅供游人休憩游赏；有的功能复杂，如作为茶室、休息室、游船码头等，体型相对复杂，如王澍作品五散房（图4-39）；还有的扩大水榭的平台，变化平面布局，进行各种文化娱乐活动，满足多功能的要求（图4-40）。同时，现代材料的运用也为水榭进行空间的穿插、变化提供了可能性。

图4-39　五散房

图4-40　中山陵流徽榭

3.4　舫

舫，形声字。字从舟从方，方亦声。"方"意为"城邦国家"，"舟"与"方"联合起来表示"国家船队"。本义：古代城邦国家的海军舰队内河舰队或运输船队。所以，在庭园中，舫就是仿照船的造型，在庭园水面上建造的一种船形建筑。舫与榭的相同处是都是临水建筑，不过在庭园中舫与榭在建筑形式上是不同的。

舫不能划动，又称不系舟。舫可以设置于水边或水中，其一般由船头、中舱和尾舱三部分组成。其中船头较高，船头做成敞篷，供赏景用；中舱最矮，是主要的休息、宴饮的场所，其两侧设置长窗，便于客人休息宴请时观赏风景；后舱最高，一般做两层，一层做成封闭空间，二层做成开敞式的，可以供登高远眺。前端有平桥与岸相连，模仿登船之跳板。舱顶一般做成船篷式样，首尾舱顶则为歇山式样，轻盈舒展，成为园林中的重要景观。由于舫在水中或在水边，这样让游人可以亲近水，使人身临其中，给人划船荡漾于水中之感。

舫的作用是供人们休息、游玩设宴、观赏水景。其采用材料如亭、廊等（图4-41）。

3.5 管理、服务类建筑

园林管理用房包括售票中心、公园大门、办公管理室及栽培温室等。此外，还有一类较特殊的建筑，即动物兽舍。这些庭园建筑在满足各自的使用功能的基础上，必须注重色彩、造型、空间组织和整个庭园景观相协调。服务类建筑是园林中必备的，主要为游人提供生活服务的建筑，其主要包括接待室、各类小卖部、茶室、餐厅、小型旅馆及园厕等，为游人提供不同的服务，让游人游玩得舒适、方便。在庭园中，因为受面积所限，所以，服务类建筑的种类和规模会相应减少和缩小（图4-42）。

图4-41 石舫

图4-42 门卫室建筑

3.6 文化娱乐类建筑

文化娱乐类建筑是主要供游人开展各种活动用的建筑，如各类展览馆、阅览室、体育场馆、游泳池、旱冰场、游艺室、俱乐部、演出厅、露天剧场、划船码头等。文化娱乐类建筑在庭园中，如同服务类建筑，其种类和规模会相应减少和缩小（图4-43）。

图4-43 景观中的游泳池

元素 4　小　　品

　　庭园不管其面积多小，其建筑小品是不可缺少的。庭园建筑小品主要是指小型的服务性和装饰性设施，如园桌、园椅、园凳、景墙、铺地、广场、栏杆、园灯、雕塑、花架、花钵、标牌、照明、垃圾桶等设施。建筑小品一般功能简单明了，所以造型别致、体量小巧、结构简单，装饰性好，且布局灵活，能烘托环境，是构成游园空间活跃的要素，起到丰富空间和点缀、强化景观的作用。

　　庭园建筑小品既可独立成景，也可成组设置。如园桌、园椅和园凳的构造简单且形式多样，它们既可以单独成景，也可以和花架、游廊、水池、树池、花坛等组合，形成活泼生动的景观。所以，虽然庭园建筑小品在庭园中起的作用是点缀，但也要注重与环境的紧密结合。这样，才能让人们在休息时也在观景。

4.1　花架

　　花架是指在园林休息游憩空间里可让攀缘植物种植攀附的格架或棚架或可供艺术鉴赏的构架性园林小品景观。花架具有建筑空间的特性，而攀缘植物可以攀附于其上，赋予其可观赏的时间性，一年四季有不同的景色，这使得花架具有独特的观赏性。

　　花架既可以独立存在，也可以是廊或其他建筑的延续空间。根据不同的形式，花架有不同的作用，主要体现在三个方面：首先是实用作用，如同亭、廊一样为游人提供歇足、交谈、观景的场所；第二具有造景作用，造型各异的花架为庭园一景；第三具有联系、组织和分割空间的作用。当花架作为其他庭园建筑的一个组成部分，这样就具有了游廊的作用，让不同的景观空间成为有机的整体，极大地增加景观的层次，也有导游路线的作用。花架通常是由竹、木、铁或混凝土等材料建成，可单独布置，也可与建筑相接。其造型灵活、轻巧，本身也是观赏对象，还具有组织园林空间、划分景区、增加景深的作用。现代园林中花架形式丰富多样，设计要注意与周围建筑植物在风格上的统一，造型简洁美观，同时还需考虑土壤条件，以满足植物的生长要求（图 4-44）。

图 4-44　花架

4.2　园桌、园椅和园凳

园桌、园椅和园凳的作用主要体现在三个方面：首先是供游客在游览过程中休息、等候、交谈、观景和用餐使用。特别是在城市绿地、社区绿地及小游乐园中的园桌、园椅和园凳更是为人们促膝交谈、下棋读书、健身等活动提供了便利。第二是造景作用，园桌、园椅和园凳以其美观别致的造型，丰富多彩的内容，点缀着园林景观，烘托环境气氛，增添景色，加深意境。第三是保护作用，在古树、珍贵树木、花镜边，栽有草坪或花卉的广场中，利用自然山石或园椅、园凳对树木、草坪、花卉进行围合，不但可以为游人在树荫下提供休息和赏景的设施，也可以起到保护树木和花卉的作用，并间接地提示人们爱护生态环境。

根据园桌、园椅和园凳的作用，并结合庭园景观所需，园桌、园椅和园凳既可以单独设立，也可结合花坛、树池、建筑或其他小品设置。其采用的材料有木材、石材、竹材、金属材料、塑胶甚至陶瓷等（图4-45～图4-47）。

图4-45　天然石材桌椅

图4-46　模拟树干的桌椅

图4-47　混凝土和花岗岩桌椅

4.3　墙体

庭园中的墙体分为景墙和围墙。《园冶》中说，"宜石宜砖，宜漏宜磨，各有所制。"

景墙是园林中常见的小品，其形式不拘一格，功能因需而设，主要有围合分隔空间、造景、组织游览流线、衬托景物等作用。围墙则是具有围合和防卫作用的墙体，同时也具有装饰性。

景墙按材料和构造可分为版筑墙、乱石墙、磨砖墙、白粉墙、直形墙、波形墙、漏明墙、花格墙、虎皮石墙、竹篱笆墙等。其组合形式可以分为独立景墙、连续景墙和生态景墙。独立景墙一般是一片独立的墙体设立在庭园中的某处，成为该处一景；连续景墙是指以一片或几片墙体为基本单位，按照一定的规律排列组合，形成有韵律感、空间序列和联系感强的墙体；生态景墙则指的是利用攀缘植物的合理配置和种植，或利用一定的技术手段，让景墙具有经济效益或景观效果的建筑小品。

景观常将这些墙巧妙地组合与变化，并结合山石、植物、水体、建筑等其他设计元素，形成有虚有实、空间层次丰富景观效果。同时，在墙体上，可以充分开设洞口或景窗，创造步移景异、障景、框景或漏景的效果。

例如，当景墙与假山组合造景时，它们之间可分可合，各有其妙；景墙与水组合造景时，它们之间可即可离，当二者即时，可做成壁泉、跌水或水池等，当二者离时，墙体与水体之间可以修建假山、园路、植物等点缀，通过景物映于墙面和水中，达到借景之效，以此增加意境（图4-48、图4-49）。

图4-48　模仿竹简形式的矮墙充当了水景的背景

图4-49　景墙与山石的组合造景

景墙既要坚固耐久，又要美观。现代庭园中的景墙常引入文化元素，不仅有景观装饰作用，还兼有文化传播的效果，起到宣传或潜移默化的作用。故其材料丰富多样，常用材料有竹木、砖、石材、混凝土、花格围墙、金属等（图4-50）。

庭园中的围墙，主要是起到围护庭园的作用，同时，造型优美、设计独特的围墙也是庭园的一个景观。现代庭园的围墙可以设计成实墙，也可以是虚墙或虚实结合的墙体。实墙主要是围护庭园，并保证一定的安全性，而虚墙或虚实结合的围墙让庭园内外的景观相互融合，相互借景，形成和谐的景观（图4-51～图4-53）。

图4-50　雕塑墙

图4-51　阶梯形的围墙与山路相映成趣

图 4-52　带有景窗的围墙

图 4-53　砖石铸铁围墙

4.4　垃圾桶

在庭园中，垃圾桶看似不起眼，只是装载游人丢弃物的容纳物。但它的存在，在清洁庭园、方便游人的同时，也装饰着庭园景观。

垃圾桶常常采用塑料、木质、金属、水泥、钢木等材料来制作。设计时可以就地取材，充分利用具有本土特色的材料来制作，如景德镇古窑民俗博览区采用瓷器来制作的垃圾桶别有一番风情（图 4-54）。

4.5　雕塑

雕塑是庭园中的另一种风情，通常是文化在庭园中呈现的最好的载体。人们可以借助雕塑表达情感、传递思想和理念、寄托精神等。雕塑是指以可塑的或可雕塑的材料，制作出各种具有实在体积的形象。由于它占有长、宽、高三维空间，因此也称空间艺术，也有称之为视觉艺术或触觉艺术的。

雕塑的材料有黏土、油泥、金属、木、石等。现代庭园雕塑的题材比较广泛，如本土地理特征、风土人情、历史沿革、传说或神话故事、风俗习惯等（图 4-55）。雕塑在庭园中的位置可以提供一个观赏角度或多个观赏角度，可以是近看也可以远观。

图 4-54　陶瓷垃圾桶

图 4-55　不同题材的雕塑

4.6　园桥

　　园桥是园林中的桥，可以跨越水面和陆地，主要是起着联系风景点、组织游览线路、变换观赏视线、点缀水景、增加景观层次等作用。园桥有交通和造景的双重作用。

　　建于水面的汀步是园桥的另一种表现形式，所以也可以叫作跳桥、点式桥。其主要是指在浅水中按一定间距布设块石，微露水面，使人跨步而过。庭园中运用这种原始古朴的渡水设施，别有一番情趣（图4-56～图4-60）。

图4-56　原石铺设的涉水汀步

图4-57　砖拱桥

图4-58　模拟各省地图形状的
汀步与激流组合成景观

图4-59　法国莫奈花园的日本桥

4.7　其他园林建筑小品

　　在庭园中，诸如花坛、花钵、栏杆、指示牌、照明灯、音响喇叭等为游人提供了游览服务、生活的便利以及警示灯。这些物质元素虽然是庭园景观设计中的辅助元素，但如能合理地运用、巧妙地搭配，不仅能满足人们的需求，同时也是庭园中一景（图4-61～图4-65）。

庭园景观设计

图 4-60　日本京都平安神宫传统木制廊桥

图 4-61　组合花钵

图 4-62　音响喇叭

图 4-63　水井

图 4-64　方向指示牌

图 4-65　鸟巢

元素5 铺　　地

　　铺地作为园林景观空间中人们用来行走、游憩和停留的地面，是不可或缺的景观设计元素。在运用的过程中铺地既要便于功能上的使用，同时还必须注重审美和趣味性。

5.1　功能与设计

　　地面进行硬质表皮铺装的作用是为了适应地面不同频度的使用，避免它在下雨天泥泞难走，使地面在较大的荷载之下不易损坏，适应相应的景观功能，同时也是为了增加景观的趣味性和方向感。它不但能满足路面的使用功能，还可以通过色彩、质感和线形的对比来引导空间，体现空间的秩序。

　　硬质铺装坚固耐磨不易损坏，而且几乎不用维护，从长远来看比较经济。但是，夏季硬质铺装地面吸热，人体热感温度明显高于铺有草皮的地面。抛光石材地面铺装，有雨雪时易导致行人滑倒（图4-66）。

图 4-66　各种材料的铺地

　　铺地的视觉效果主要靠展现其材质的纹理特点来达到，因此在设计时就应将铺地的材质绘制清楚（图4-67）。

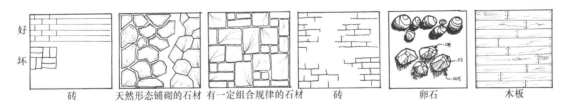

图 4-67　不同材质铺地的绘制方法

　　铺地要与周围环境相协调，突出景观设计的立意和构思。硬质铺地要注意外观效果，包括色彩、尺度、质感、构形等。一般铺地在整个环境空间中起衬托作用，不宜采用大面积鲜艳的色彩，避免与其他景观元素相冲突。铺地材料的大小、质感、色彩也与场地的尺寸有关。在较小环境空间中，铺地应选择质感细腻的材料，且尺寸不宜过大。在大空间环境中，则应采用大面积铺装并配合大尺寸材料，因为大面积使用小尺寸的材料会使空间显得琐碎。若使用小尺寸砖，可采用图案化的形式来协调大面积铺装（图4-68）。在体现传统意味的景观环境中则可采用自然形状板岩、砖、瓦、砾石、卵石等具有自然感的材料。

　　铺地设计需要考虑的因素很多，包括材料的选择与构成运用，材料的强度、形式、耐久性、质感和

图 4-68　大环境用小尺寸砖图案化表达

环保性等，表面色彩搭配、纹样、图案设计以及施工中的结构设计等。但其中的细节把握也是设计中的关键点。在我国传统园林设计中，这些细微之处都有细致的要求。

在采用方整的块材时，要注意接缝的细节处理，铺装的接缝对工程质量和美观也会产生一定影响（图4-69）。使用这些材料铺面的轮廓最好是矩形的，或是能反映这些单元的形状特征的形式。如要取得曲线的效果可以采用铺面单位逐渐退移的方法，同时与植物配置相结合来获得曲线形状（图4-70）。硬质铺地与地被植物的有机结合可以避免铺地效果过于生硬，易于在地面景观上形成生动、自然、丰富的构成效果。

图 4-69　接缝处理细节　　　　　　　图 4-70　与植物配置相结合来获得曲线形状

5.2　铺地材料

景观铺地材料根据其自身特性分为天然材料和人工材料。天然材料取材于自然，经过简单加工便可投入景观建设中（图4-71）；人工材料是利用自然界原始材料进行整合、化学合成等生产制造的（图4-72），常用景观铺地材料见表4-2。

图 4-71 天然铺地材料

图 4-72 人工铺地材料

表 4-2 常用景观铺地材料

序号	铺地材料	常见规格/mm	特 点	适用范围	其 他
1	天然大理石	600×600、500×500、300×300,厚度30~120	材料整洁、肃穆、庄重、自然,可以随意拼成所需艺术构图,但光面大理石表面易磨损、酸化,施工要求较高	广场整铺或拼花,道路路牙、休闲节点,一般用于人的活动场地	材料成本高,质地较脆不宜通行
2	天然花岗岩	面材:600×600、500×500、300×300,厚度30~120 块材:100×100×100、150×150×150、200×200×100	耐磨损、强度较高、自然粗犷,施工要求较高	风景区入口、广场、道路等,主要用于休闲空间中;原石进行简单切割、修整可用于园林汀步的铺设	加厚石材可满足车行交通

（续）

序号	铺地材料	常见规格/mm	特 点	适 用 范 围	其 他
3	板岩	600×600、500×500、300×300，厚度30~120，也可以是自然不规则形状	层状结构，很少进行精细加工，贴近自然，不耐压、易风化	适用于园林小路、休息平台、公园绿地等小空间	质地较脆，不适合大面积铺设于城市广场、道路中
4	木材	宽度100~250，厚度20~50	质地天然，加工简易，原木需经过防腐处理	树池、园林小路、广场、栈桥、亲水平台、园桥等小空间	易损耗，不能应用于车行等承载量大的场地道路
5	砾石	巨砾，φ≥100	具有生态性，有很强的透水性，较防滑，维护费用低，易铺设；染色砾石，更具视觉效果	填充自然形的铺装边界内、树池、临夏空间、人流量小的道路场地，排水沟等	易损耗，不能应用于车行等承载量大的场地道路
6	卵石	粒径φ60~200	铺砌方式比较自由、排水性好、耐磨、圆润细腻、色彩丰富、装饰性强可做丰富的铺地拼花	适用于水边、园中小路、不规则外形空间铺装，块材不易分割可用卵石填砌	多与其他材料配合铺砌，丰富空间层次
7	沙	天然沙粒径φ≤5	具有亲和力，可以形成与人的互动，材料易得、造价低、透水性好、颜色范围广	儿童游乐场、健身活动中心、海滨浴场；不适合车辆通行，材料易流失	根据情况，每隔几年要进行补充、更换，且容易生长杂草
8	现浇混凝土	—	坚固、耐磨、无弹性、具有很强承载力，可让路面保持适当的粗糙度，可以做成各种彩色路面	适用于广场、园林主干道，也适用于公园的各种环境	对路基要求较高，维护费用低
9	沥青	—	热辐射低且光反射弱；耐久性良好，弹性能随混合比例而变化，表面不吸尘、不吸水，可做成曲线形式。除了常用的普通沥青，现在还有透气性沥青可选择	可做成各种形式的园路路面如停车场、主路、车道等；还可大面积用于广场	边缘无支撑易磨损；温度高会软化；汽油、煤油和其他石油溶剂可以将其溶解；如水渗透到底层易受冻胀损坏
10	青砖	机砖240×115×53，标号150以上 大方砖500×500×100	质地密实的青砖（孔隙率小于5%），拼接形式多样既可以作为铺路砖也可雕刻各种纹样，作为点间隔铺砌	有古朴的风格，施工简便，可以拼成各种图案，适于庭园或古建筑附近	阴湿的地段路面易生青苔，在坡度较大的阴湿地不宜使用
11	预制混凝土砖	300×300×50，250×250×50，也可整体铺砌	坚固耐磨，具有很强承载力，可让路面保持适当的粗糙度，可以做成各种彩色路面	广场、停车场等园林各空间	对制作工艺要求较高
12	瓦	纯瓦竖铺400×240~360×220，厚度8~12，也可瓦片碎拼	纯瓦铺地可利用其特有的弧度，砌成曲线优美的波浪式；也可以卵石与瓦混砌成各种图案	具有朴素、粗犷的风格，可用于小面积的装饰性地面，如庭园、小步道	装饰性材料不宜大面积使用，设置于人不常走处

（续）

序号	铺地材料	常见规格/mm	特 点	适用范围	其 他
13	塑料植草格	410 × 375、350 × 350、380 × 335，厚度 35 ~ 50	耐磨，有较强的承载性，透水性好，维护费用低	树池、停车场、滨水护坡等	长时间局部会出现破损，需定期修补
14	塑胶铺地	—	颜色范围广；弹性比混凝土或水泥大	可用于特定场地的设计（如运动场、跑道）；有时可铺设在旧的混凝土或沥青上	铺筑或维护成本较高
15	人工草坪	—	具有天然草坪的观赏性、弹性好、耐践踏、维护成本低、使用寿命长，但一次性建设成本较高	足球场、露台、屋顶广场、健身活动场地、堤岸坡面等	要求场地基础平整，常用的沥青或水泥做基础
16	橡胶砌块	600 × 600、500 × 500、300 × 300，厚度 30 ~ 50	具有安全性、摩擦系数较高，具有较强耐磨性	其柔软的质地多用于园林步道、广场、园桥、小区健身活动场地、屋顶花园、户外运动场地等小空间	—
17	金属	铸铜铺地、不锈钢铺地、不锈钢盲道板 300，压纹不锈钢板 3000 × 1830、3200 × 1830，厚度 3 ~ 3.2	不具备交通功能，有装饰性	广场局部、景观节点、园路等局部空间，不宜大面积使用	—
18	玻璃	钢化玻璃、夹胶玻璃厚度 3 ~ 19	钢化玻璃一般作为地埋灯铺地面层；夹胶玻璃具有耐震、防爆的作用	通常结合地埋灯做装饰性铺地	表面进行磨砂处理，成本高。维护费用高

5.3 主要铺地场所

1. 园路铺地（图 4-73）

园路一般是指园林中的道路工程，其设计包括园路布局、路面层结构和地面铺装等的设计。园路的主要作用是组织空间、引导游览、交通联系并提供散步休息场所，同时，也是庭园景观的一部分，兼具着造景的作用。园路的设置还要考虑到给水排水、供电等功能需求，及让除草机、割草机等通行的功能需求，使其具有一定的宽度和承载力。

园路是联系各个景点的纽带，对行人具有引导作用。人在园路中除了行走外，还会有观赏行为，因此园路铺装本身也应具有观赏性和趣味性。园路铺地又可分为线性行走空间和面性园路节点，线性行走空间以步行交通为主，应采用具有舒适感的材质，还要依据路线、路宽、路形、排水和坡度综合考虑铺装材料的选择。面性园路节点包括入口空间和园路节点，相对是景观设计中比较重要的位置，宜选用视觉效果好并且坚固耐用的材料，如砌块式石材、砖材、混凝土砖、整体性彩色混凝土、整体性沥青及塑胶铺装等材料。另外，根据设计需要，可利用防腐木条、砾石、卵石等材料进行局部铺设。

中国传统园林的园路有着异于西方园林的特质，即园路忌直求曲。常言如"曲径通幽""路径盘蹊""径莫便于捷，而又莫妙于迂"等词句都充分道出了园路在有限的空间应该追求以曲为妙的效果，增加

图 4-73　园路铺地

园林的空间层次。但不能为了追求曲而曲，庭园中的曲与直是相对的，应该根据景观需求，做到曲中寓直，直中有曲，曲直结合，曲直自如，灵活运用。

　　虽然面积小的庭园中，园路功能不如大的园林，但在庭园景观中的造景作用仍至关重要，它貌似零散，但实际是庭园的骨架和纽带。作为骨架，它在整个庭园景观构图中起着均衡的作用；作为全庭园的纽带，它应该主次分明、疏密有致、曲折有序，并结合地形把各个景点有机地联系起来，形成有层次感、有节奏感的一个景观，让人们在不知不觉中被引导去游览和休憩，同时渲染气氛（图 4-74 ～ 图 4-79）。

图 4-74　卵石蛇形园路

图 4-75　火烧花岗岩长方形汀步

图 4-76 防腐木折线栈桥

图 4-77 天然圆石林中小径

图 4-78 宽阔的石板园路

图 4-79 卵石拼花园路

2. 广场铺地

广场是园路的扩大，是一般由建筑物或建筑小品、植物、道路等围合成的开敞式空间。广场有组织游览路线、交通解散及休息、休闲的作用。广场的布局形式有自然式、规则式及混合式。广场多用于入口处、大型建筑旁等或庭园中心处，可以结合花架、花坛、水池、雕塑等共同组景。广场一般面积较大，主要给人们提供集会、散步、锻炼的活动场地，空间利用率较高。广场的铺装材料应选择粗犷、厚实、线条较为明显的材料，同时铺装地坪的表面应该较为平整、光滑，便于人们活动（图4-80）。

图4-80　广场铺地

3. 停车场铺地

停车场属于开放的空间，其铺地应以实用为主，并要重视材料的承载性和平整度，可选用承载性高的铺装材料，如连锁式混凝土砌块、混凝土嵌草砖等。生态停车场的做法是利用混凝土嵌草砖进行场地的铺设（图4-81）。嵌草砖承载性好，还可增加一定的绿化面积，调节小气候。另外，还可选用有较好抗变形能力的透水式沥青、透水式混凝土。同时，对于停车位的划分可以选择与周围铺装材质或颜色不同的材料预先划分，这样铺地会富于变化，不致太过单一。

4. 儿童游戏场所铺地

儿童游戏场所主要服务于少年儿童等未成年人，让他们在这里进行相应的活动，此类铺地材料应具有安全保护性，宜选用弹性材料，一般采用塑胶、木材等作为活动场地主地坪的铺装材料。

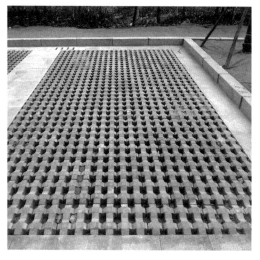

图4-81　停车场铺地

5. 体育运动场所铺地

体育运动场所一般具有公众性、开放性。综合地来看，场地平整是最基本的要求。平整的场地有利于运动者做各种动作，以整体性铺装材料为宜，要求选用具有耐久性的弹性材料。

元素6　山　石

石在园林中的运用历史悠久，在自然园林设计中有着重要的地位，现代景观设计继承了传统的理念，传统的理石手法也备受推崇延续至今，而山石设计的发展也随着社会需求的多样化而得到发展。山石有较强的造型能力，在现代景观设计中呈现出多样化。结合现代技术和材料，常用在公共绿地、游乐场、风景区、居住区、庭园等多种空间，以其独特的形态和自然的气息为人们生活环境增添了丰富性。

从古代园林到现代园林，山石无处不在。从最初的不经意摆放，到后来的精心设计，庭园景观设计已经完全离不开山石了。中国古代园林中对山石的运用手法已相当娴熟。从人们的审美情趣和整体设计观念来看，山石应用不论从选材、配置手法、运用方式上都彰显其功能上的优势，让其在庭园景观设计中有了广阔的设计内涵。

在继承和发扬传统的设计手法的基础上，设计者要进行不断地发掘和拓展，在把控整体景观的原则上，注重山石的局部和细节处理，要"于细微处见精神"。

6.1　功能

山石常以石材的色彩、肌理、形态等特点为基础，与园林中其他设计元素，如建筑、水体、植物等组成各式各样的景观，使人工造景自然化，增加自然生动的气氛。通过山石的过渡，使环境景观更加和谐。山石最大的特性是不同于水体的流动性、花草的易变性，它所具有的稳定性让它在庭园景观设计中，一直被人们所青睐。不同山石具有的特质给人们不同的感受，如或旷野纯朴，或粗犷大气，或棱角分明，或珠圆玉润，或清逸雅致……

设计者可以借助不同山石的质地，来达到特有的效果，如细质地的卵石、大理石等；中等质地的小卵石、砾石等；粗质地的未经加工的毛石等。山石与植物的质地要么和谐要么从对比中寻求平衡。山石在景观设计中的作用主要可以表现在以下几个方面：

1. 基本构架

在以山为主景或者以山石为驳岸的水池做主景的园林中，整个院子的地形起伏，皆以山石构架为基础来变化，这种设计手法用在北方园林中彰显大气磅礴，而用在南方园林中则营造隽秀灵动。

2. 分隔空间

假山在园林空间的分隔中，起着障景、对景、背景、框景的作用。对于大型园林空间来讲，为避免单调，常用山石把单一的空间分隔成几个较小空间，相对于用建筑墙垣来分隔空间，山石更符合自然园林的气氛以及中国传统园林对于意境的表达（图4-82）。因为人类对山石具有和水体一样的天然亲近感，所以山石的堆置具有一定的实用功能。例如，水池或溪涧边山石驳岸的、水下草坪上的闲置石头可以为游人提供休息、驻足观景的场所；几块大石头堆砌的假山，则是孩子们嬉戏、捉迷藏的好地方……用石头铺就的园路，让人们在通行的同时也体验着大自然的亲切感。

图4-82　分隔空间的山石

3. 点缀景观

山坡散石属于山石点缀园林景观的一种方式，这种布置方法要求主次呼应，像在山野中露出的自然式一样，给人们一种贴近自然的艺术感觉（图4-83）。在庭园中，山石既可以作为主景，也可以作配景。不同品种的山石形态各异，要把握它们的个性、色彩、线条、纹理、质感来进行设计。山石可以自己单独组景，但更多的则是和植物、水体结合，这样让山石的"硬汉"特质被软化，让其变得柔和，这更适合庭园环境。常言道："山得水而活，得草木而华"，这说明山石的设计离不开水和植物，不是孤立存在的。

图4-83 点缀景观的山石

6.2 类型

不同的石材其形态特征各不相同，组合的方式更是变化万千。山石设计不仅要考虑形式上的美感，还要注意它与周围环境的协调。现代山石设计相对于传统园林山石形式更为复杂，表现出多元化的特征，更具创造性和设计性。其关键在于找到与景观设计中的环境相协调的石材，以其为基础，依据环境特点选择恰当的处理方法。在设计中不要受制于石材的样式和形态，在体现石材的自然感和力量感的同时，创造出功能合理并有意境的景观空间，是山石设计的主旨。

1. 假山

假山即以造景游赏为主要目的，以土石等为材料，以自然山水为蓝本，加以艺术的提炼和夸张，充分结合其他多方面的功能作用，是人工再造的山水景物的通称。假山既具自然山峦的种种形态和神韵，又具有高于自然的文化意蕴。它以造景、游赏为主要目的，同时结合其他功能而发挥综合作用。

在我国的园林景观设计中，讲究无山不成园。园中一定要有山的元素，才能表现出园林的独特魅力。假山的结构，发展至今，仍以这四类为主：土山，以堆土塑造形成；土多石少的山，沿山脚包砌石块，在曲折的登山石径两侧，垒石固土，或土石相间形成台状；石多土少的山，山的四周与内部洞窟用石，或四周与山顶全部用石，成为整个的石包土；假山全部用石垒起，体形较小。假山的构造方法，要考虑因地制宜，注意经济安全。

我国著名的假山有苏州环秀山庄的湖石假山，上海豫园的黄石假山（图4-84）等，景观

图4-84 上海豫园黄石假山

效果好的假山，多半是土石相间，在山水之间再现自然。

堆叠假山应注意：山体布局合理，位置、高度、体量要与环境协调，主次分明；山体完整，脉络清晰，在细节上要注意山石纹理相同；山石叠置疏散有序，能表现出一定的形象，在选材上要因地制宜，色泽、形状、纹理、质地等都要与环境协调；山石相接要自然，更要安全，在山洞、门洞、石桥、磴道处，须做连接加固处理，避免散落、倒塌。假山的基础深度要根据当地的地质气候条件而定。如在北方用山石堆砌水体驳岸，则要考虑冬季防冻胀情况的发生。

2. 置石

在景观设计中除用山石叠山外，还可以用山石零星布置，单独摆放或附属布置造景，称为置石或点石，起到点缀、装饰作用，也是一种标识。虽然不如假山体量大，但是由于采用天然材料，既具自然气息，又是一种抽象表达，可以引起人的各种遐想。点置时山石半埋半露，别有风趣，用来观赏、引导和联系空间。置石用料不多，体量较小而分散，且结构简单，所以与假山相比，容易实现，同时，由于置石篇幅不大，这就要求造景的目的性更加明确，格局严谨，"寓浓于淡"。

由于东西方文化差异，石头的运用在东西方景观设计中其表现手法各异。西方认为石头是永恒的，代表权威和征服。因此石头被大量用在古典城市景观的建筑、石雕、石像中，构成了城市景观的主体。中国传统园林景观中常将石头视为一种装饰，布置于廊隅墙角，既可独立成景，又可遮挡、缓解墙角的生硬线条。如庭园中的天井，其空间相对封闭，配以竹石小品后，反而使人在有限的空间里感受到生意

图 4-85　著名枯山水庭园：元信之庭

盎然。日本园林景观以"枯山水"最为突出（图 4-85），是一种缩微式园林景观，注重对自然山水的提炼，体现禅宗思想。在具体做法上，常将石头的 2/3 埋入地下，只露出 1/3，这样的石景更能体现自然特征。

在现代景观设计中，山石不仅承载着传统文化的思想内涵，同时也富含时代精神与特点。这给了设计者更宽广的想象空间，充满着人文关怀（图 4-86）。

置石按布置形式可分为特置、散置和群置。

1）特置——指由玲珑、奇巧或古拙的单块山石立置的布置形式，常作为局部构图中心或作小景。这种布置形式常用在入口、路旁、小径的尽头等，起到对景、障景、点景的作用。特置用石以太湖石为上选，按照"瘦、透、漏、皱"的标准来选石，著名的特置有上海豫园的"玉玲珑"（图 4-87）、杭州的"绉云峰"等。

2）散置——指将大小不等的山石零星布置，有散有聚、有立有卧、主次分明、相互呼应，形成一个有机整体。散置的选石没有特置的严格，布局也没有固定形式，通常布置在廊间、墙前、山脚、山坡、水畔等处，也可根据地势落石。

3）群置——指几块山石成组地排列，形成一个群体表现，其设计手法和布局与散置相似，只是群置所占空间相对较大，堆数也可增多，但从其布置特征来看，仍属散置范畴。

由于一些天然石材的开采限制，现在景观设计中也有人造假山石，其具体做法是用天然块石为模具，外敷丝网、钢筋和水泥，养护成型，外壳成天然山石状。用这种方法堆叠假山其优点是可以自由选择山石形状，"石体"重量很轻，摆放位置更为自由。

图4-86　苏州博物馆新馆庭园现代山石

图4-87　上海豫园玉玲珑

元素 7 植 物

在城市绿地景观营构中，适合的植物，是绿地景观设计成功与否的关键，也是形成城市绿地风格，创造不同意境的主要元素。选择植物时，既要注意植物的自然生态习性，又要熟悉其观赏性以及不同植物的配置所构成的群体效果，才能构成多样化的园林观赏空间，达到预期的景观效果。

7.1　功能

1. 美化环境

植物本身就是一道风景，其在景观设计中的美化作用是其他景观元素无可替代的。植物的特性，就在于它是有生命的活物质，并且表现出"静中有动"的时空变化特点。"静"是指相对稳定的物境景观，在于固定的生长位置和相对稳定的静态形象。"动"则包括两个方面：一是当植物受到外力作用时，比如风，它的枝叶也随之摇摆。二是植物体不断生长变化，发芽落叶，开花结果，按照自然生长的规律形成"春花、夏叶、秋实、冬枝"的四季景象。这种随自然规律而"动"的景色变换使园林植物造景具有自然美的特色。庭园植物设计的另外一个最主要的功能是美化环境、创造怡人的绿化环境景观。

植物作为庭园景观的一个重要组成元素，与园路、景观节点、边界及其他元素等之间形成密切的联系，植物本身既可以作为主景，也可以作为其他三大要素的配景或辅助部分，辅助它们形成整体空间结构，让景观层次更加丰富、更加清晰。故庭园植物的配置要根据需要，结合经济性、文化性、知识性等内容，扩大园林植物功能的内涵和外延，充分发挥其综合功能，服务于游人（图4-88）。

2. 塑造空间

庭园植物设计的最主要的功能之一就是构成空间，利用植物种类配置的不同、高矮的不同来分割空间、组织空间，以此来完全形成开敞、半开敞、封闭的空间。利用植物的自然特性能塑造不同的空间感受。树冠茂密的乔木，可利用其树冠形成顶面覆盖，树冠越茂密，顶面的封闭感越强；分枝点高的乔木，可利用树干形成立面上的围合，分枝点低的乔木，可利用植物冠丛形成立面上的围合，空间的封闭程度与植物种类、栽植密度有关。同时，植物还是障景、框景、漏景的构景材料，如园林中曲折的道路若没有必要的视线遮挡，就只有曲折之趣而无通幽之感，虽然可用地形、建筑进行分隔，但都不如植物灵活，使用植物既可利用乔木构成疏透的空间分隔，也可用乔、灌组合进行封闭性分隔。（图4-89～图4-91）在景观设计中，除利用植物形成不同的空间之外，还需要利用植物进行空间承接和过渡，并引导人们在其中穿行。

图4-88 法国奥博奈的雷奥纳多庄园植物景观

3. 改善生态

植物景观在一定程度上能改善园林中的环境质量问题，还可形成城市景观中的生态防护体系，保护城市环境和生态系统。城市绿地系统作为城市结构中的自然生产力主体，能帮助城市生态系统的循环，为其提供氧气、调节温度湿度、滞尘吸尘、杀菌减噪、保持水源、净化水体（图4-92）。

图4-89 利用植物框景

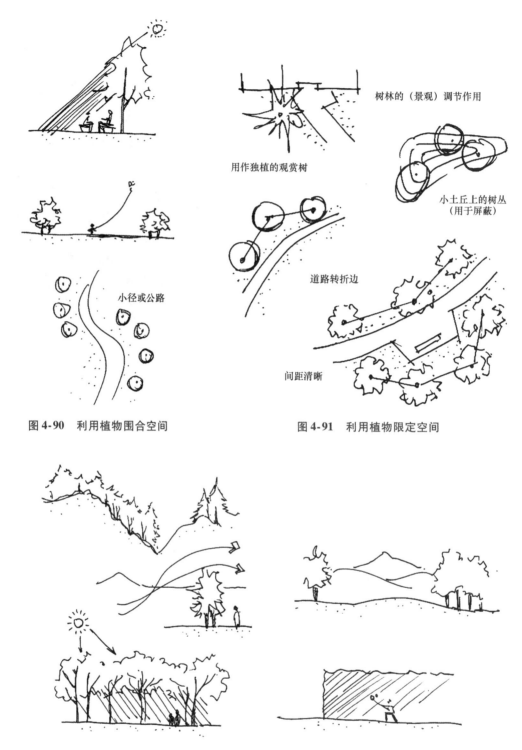

树林的（景观）调节作用

用作独植的观赏树

小土丘上的树丛
（用于屏蔽）

小径或公路

道路转折边

间距清晰

图4-90　利用植物围合空间　　　　　图4-91　利用植物限定空间

图4-92　利用植物改善微气候

7.2　类型

　　种类繁多的植物是设计的重要元素，其形态各异，大小不一。为一个景观设计选择植物的时候，形态是一项重要的考虑因素，因此设计师常常给种植空间提供各种各样形态的植物来吸引人的注意力（图4-93）。不同的植物具有各自独特的形态，即植物的性状和结构。设计者可根据庭园整体景观的需求，充分利用植物本身特有的形态，或单独成景，或组群成景，或与假山、水体、建筑物等组景。一般植物的形态有球形、方形、椭圆形、悬垂形、圆锥形等。此外，也可利用不同花卉进行造型，营造一种特有的氛围，如海南呀诺达广场，为了营造春季的气氛，设置立体花卉造型。庭园的景观设计常用植物有以下几类：

图4-93 植物的类型

1. 乔木

乔木是指有明显单一树干，分枝点高，树体高大，通常3m以上的木本植物。乔木是植物景观营造的骨干材料，形体高大，枝叶繁茂，生长周期长，景观效果突出，在景观设计阶段仔细考虑乔木的运用，会给景观空间增添更多的美感和价值。景观设计常用乔木有雪松、云杉、银杏、木棉、广玉兰、白桦等。乔木是依靠其自身外形和枝叶纹理来营造景观，因此在设计时应将其特点绘制清楚，如图4-94~图4-97所示。

2. 灌木

灌木树体矮小，高度从1m~3m不等，属于木本植物。这种低矮的灌木在设计中的作用有很多与乔木一样，但两者所使用的空间范围不同。灌木常有丰富的花、叶、果，常用在乔木的树冠和地表植物之间的空间内，可以增加场地底层的封闭性。常见的景观用灌木有大叶黄杨、蜡梅、牡丹、玫瑰等。灌木的造景原理与乔木的相似，所以在设计中也应将其外形特点绘制清楚，如图4-98~图4-100所示。

3. 草本及地被植物

草本植物的茎含木质细胞少，茎多汁，较柔软，常见的有菊花、凤仙等。地被植物主要指株丛低矮、匍匐生长、覆盖地表的植物，可用于控制坡地的水土流失，也可用作从高处观看的花坛造型，如三叶草。由于两者都重在表现面积感，故绘图时两者的画法是通用的，如图4-101。

4. 藤本植物

藤本植物是指茎长而不能直立生长，需要依附它物而向上攀升或匍匐地面生长的植物。根据其习性可分为缠绕类，如牵牛花；攀缘类，如绿萝。

7.3 配植

植物不仅能起到视觉净化或者装饰门面的作用，它对于提高场地的特色也有很大的帮助。植物的选择和布局可以用来框定景观的结构，可以用于突出或者隐藏其他场地特征，可以用于引导行人交通，创造室外空间，表达邀请或拒绝的感觉，提供舒适环境，按时运动或者停止，或者改变场地的大小与环境（图4-102~图4-104）。

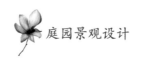
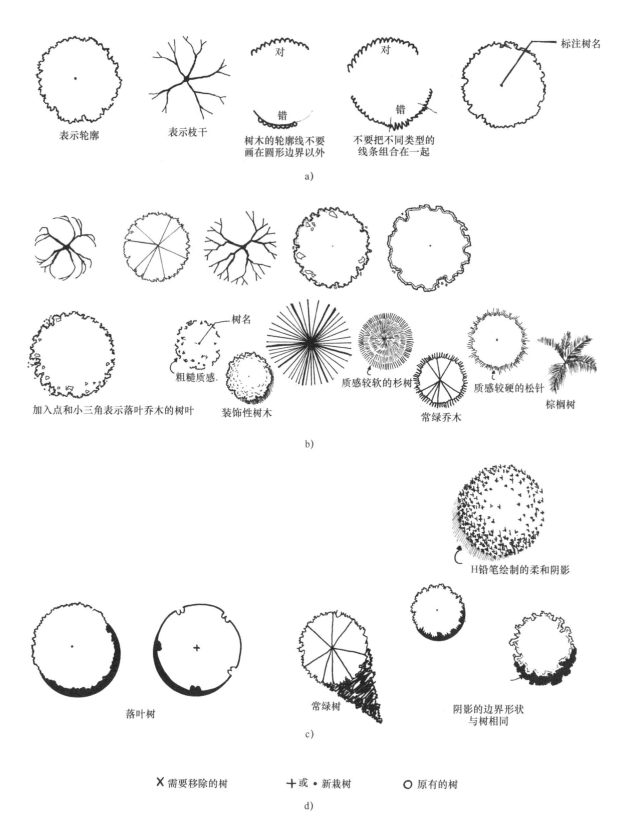

图 4-94 线条乔木平面画法

a）简单的乔木表示方法　b）较多细节的乔木表示方法

c）常用阴影的乔木表示方法　d）平面图中乔木中心点的表示方法

图 4-95 马克笔落叶乔木平面效果

图 4-96 马克笔常绿乔木平面效果

图 4-97 马克笔乔木立面效果

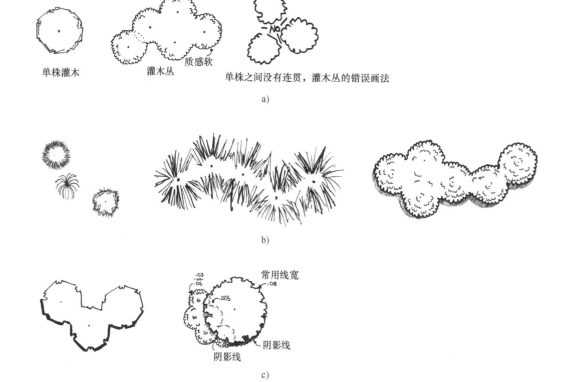

单株灌木 　　　灌木丛　质感软　　　单株之间没有连贯，灌木丛的错误画法

a)

b)

常用线宽

阴影线

阴影线

c)

图4-98　灌木平面用钢笔线条表示的方法
a）简单的灌木表示方法　b）较多细节的灌木表示方法　c）带有阴影的灌木表示方法

图4-99　马克笔落叶灌木平面效果

图4-100　马克笔常绿灌木平面效果

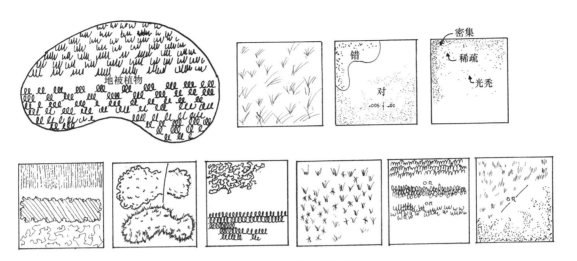

图 4-101　草本及地被植物平面

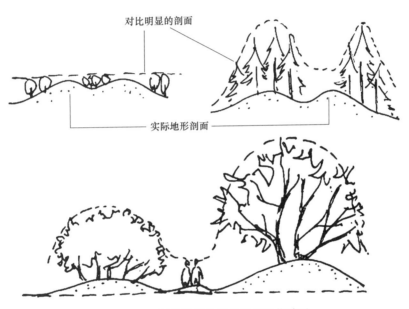

图 4-102　利用恰当的植物配置强化地形

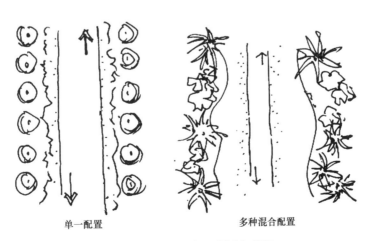

图 4-103　丰富植物配置避免单调

1. 因地制宜

植物配置，必须考虑环境条件，因地制宜地选择相应的植物种类，使之与用地条件相适应，形成充满活力的植物景观。植物属于有机的生命体，每种植物其生长环境都有特定的要求，设计者在进行相应的植物配植时首先要考虑植物本身的生态需求，满足它们所需的大气、光线、土壤、水分。

2. 注重功能

植物景观配植应考虑绿地的功能，如在需要遮阴的绿化地段，可配植高大的乔木；在需要分隔、美化的地段可选用具有观赏性的灌木（图4-105）；在需要保持景观的渗透性的场地，则可选择地被植物；在需要开展集体活动的空旷地面，则可种植多年生耐践踏的易生草坪。

3. 突显艺术

景观的绿化配置不仅要有实用功能，而且应达到一定的艺术效果。通过植物的障景、借景等手法，实现空间的开敞——半开敞——封闭的变化，凸显景观的意

图4-104　利用植物配置柔化场地边界

境，这也是我国传统园林景观设计中常用的手法。深化植物造景与其他景观元素进行有机结合。这样不仅可以达到生态目的，还可以提升园林整体的艺术性与人文性。如植物配置得当，可为原本混杂的建筑群创造清新舒适的环境（图4-106）。

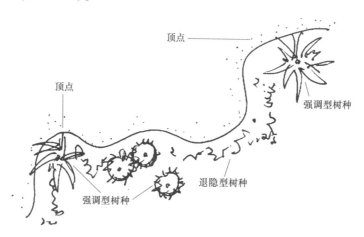

图4-105　植物景观配植应考虑绿地的功能

4. 考虑经济

随着城市的发展，对景观绿化的要求也日益提高，绿地的建设和维护费用也相对增加。所以在进行绿化配植时，应该尽可能地保存现有植被，只要切实可行，建筑物、铺地、山石等应协调地布置在自然植被之间。这样可以保证景观的连续性，同时植物种植施工和维护的费用都可得以降低。再适当地配植一些其他树种，环境景观反而会显得更丰富，也使得观赏性和经济性有机结合（图4-107）。

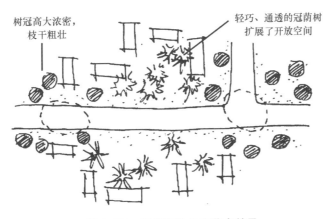

树冠高大浓密，
枝干粗壮

轻巧、通透的冠荫树
扩展了开放空间

图4-106　利用植物凸显艺术效果

5. 色彩组合

植物本身所具有的色彩是其最主要的视觉设计元素。通过不同植物色彩的搭配，给游人一种自然或人工美，并在一定程度上影响了游人的情绪和情感，创造出特定的气氛（图4-108）。

图4-107　物美价廉的天竺葵
点缀着法国科尔马的河道

图4-108　上海植物园花境设计

元素8 文　化

"文化"一词最早源于拉丁文，是表现人们的内心世界对于一些非物质形式的东西的渴望，它更加侧重于精神上或者是个人情感上的一种交流和互动。关于它的释义，美国人类学家泰勒于1871年，在他的著作《原始文化》是这样解释的："文化包括知识、信仰、艺术、道德、法律、习俗和任何人作为一名社会成员而获得的能力和习惯在内的复杂整体。"

这样，无论是传统园林，还是现代园林，文化元素无处不在（图4-109）。中国文化博大精深，历史深厚。现在，越来越多的国内外设计师偏爱中国元素，中国元素在园林中的运用也越来越普遍。

图 4-109　影壁、对联、铺地、栏杆等无不显示出园林中的文化元素

　　盛唐时，中西园林艺术就已经有一定程度的交流。经马可·波罗的宣传，让许多欧洲国家的人们开始接受并欣赏中国园林文化和艺术之美。到 17 世纪末到 18 世纪初，经法国画家王致诚对中国园林的绘制与介绍，让欧洲人更为详细和准确地了解到中国园林的艺术风格和所蕴含的文化，欧洲园林也开始出现中国园林中所特有的文化元素。如 1670 年，在距凡尔赛宫主楼 1.5km 处，出现了最早的仿中国式建筑"蓝白瓷宫"。其外观仿南京琉璃塔风格，内部陈设中式家具，取名"中国茶厅"；此外还有德国卡塞尔附近的威廉皁花园等。

　　中国园林分为北方园林、江南园林、岭南园林这三大园林体系。在明清时代，中国园林就已经开始显现西方文化的影响了。北方园林中号称万园之园的圆明园，就是中西园林艺术和文化高度结合的典范。园中的布局采用了中国传统的自然式，而雕塑、楼阁却大量运用了西方文化元素。

　　岭南园林作为中国三大园林体系中的一个分支，应该是受西方文化影响最早且最深的。它在继承中国古典园林传统思想的基础上，汲取了西方园林的文化元素，从而形成了颇具岭南特色的园林风格。例如，番禺的余荫山房、顺德的清晖园、东莞的可园和佛山的梁园，这四座是园林史上岭南园林的代表作，它们最大的特点是融合东西方文化元素，在充分表达本土文化的基础上，融入西方文化元素，把中西文化进行了统一调和，采用各自所长，形成"开放兼容、多元并蓄"的文化个性，鲜明的时代特色和独特的地域风格，这得益于岭南特殊的自然地理环境和开放兼容的文化性。岭南地理位置特殊，背山面水，使得岭南和内陆中原地区阻隔，处于一个半封闭环境。这样，远离文化中心的岭南经历了相对独立的文化进化、发展过程，且岭南面对广阔的大海，让其受到了一定的海洋文化的影响。主要表现在：水池多用规则的池型，很少用自然式池型；园林中多用船厅，一般放在庭园中的重要位置，犹如海洋中的大船，这不仅是考虑到整个园林的布局，更多的是海洋文化因素影响的结果，如清晖园中的"船厅"——小姐楼。岭南园林多用灰塑彩描和套色玻璃画，这些让庭园建筑色彩丰富艳丽，使得园林活泼生动，这也和海洋文化绚丽、开拓的特点相呼应。建筑装饰上也可看到海洋文化的影响：喜用与水有关的装饰物作脊饰，如龙舟等。

1. 传统文化

　　传统文化是一种历史的沉淀，在人们的生活中无处不在，如古树、古城墙、牌坊、碑文、古井、桥、寺庙、陵墓、园林等，在城市发展的进程中，人们脱离不了传统文化这个话题，在城市设计、园林设计中，同样离不开传统文化这一元素。传统文化已经注入人们的血液，而那些如古树、古城墙、牌坊、碑文等则成了人们记忆或保留传统文化的载体。

"源于自然，高于自然"是中国园林的造园思想，中国园林的传统文化价值取向是讲究顺从自然、依附自然。中国传统文化让人们意识到自然的重要性，尤其著名思想家老子提出的"道法自然"，让人们更加注重要尊重自然规律，并让园林与园林建筑成为社会文化价值取向的物质形态表达，这在中国园林中体现得尤其明显。儒家的入世之境、道家的自然之境、佛教的出世之境三家的文化精髓相互糅合，让中国古典园林成了彰显传统文化的精华和纯粹所在之地，它可以是创建悠闲自得、寻求精神寄托的地方，也可以是纪念先人之所。如拙政园是精致生活的场所，而唐寅园则是后世为纪念唐伯虎而修建的处所。

无论是北方的皇家园林，还是南方的私家园林；无论是园林建筑，还是园林建筑空间与自然元素的结合、植物选择配置及山水表现等都无不蕴含了中国传统文化的精髓。它们彰显了中国文化中的或高雅或民俗的文化，如因经冬不衰而被称为岁寒三友的松、竹、梅。又如，荷花被认为"出淤泥而不染，濯清涟而不妖，"是脱离庸俗而具有理想的君子的象征。景观设计者可根据树木花卉被赋予的内涵和精神进行选择配置，依此来烘托意境、表达主题。

民谚云："前兰后桂庭牡丹，迎门松竹梅耐寒。影壁墙上爬山虎，金银菊花门窗前。刺梅不是庭中物，除去丁香留金兰。小桃花开红似火，月下夜赏斗颜鲜。"这首民谚很好地概括了一个庭园中的植物配置：有的从位置安排，有的从情趣出发，有的从审美需求……北京有句俗语："桑松柏梨槐，不进府王宅"，因为这五种植物名称发音与不好的词谐音，如"桑"与"丧"，"梨"与"离"谐音，所以庭园中不会种植。北京的宅院里多种西府海棠、临潼石榴、春桃和枣树等，这样：春可赏花，夏能纳凉，秋尝鲜果，用"春华秋实"来概括北京庭园中的树木是非常恰当的。

在传统文化元素应用方面，雅与俗都可以被借助，以此来表达某种思想或者愿望。例如，我国大书法家王羲之与友人推杯换盏的方式——曲水流觞，就被传统的、现代的园林或庭园加以应用，如贝聿铭设计的香山饭店（图4-110）、岭南传统园林余荫山房等都应用了"曲水流觞"这一概念模式。

此外，园林建筑及其装饰、铺地都可以成为传统文化元素传递的载体，以此来表达设计主题思想和地域特色，或表达某种寓意（图4-111）。

图4-110　香山饭店的曲水流觞

2. 现代文化

现代的庭园中，不再只有传统文化的表达和传递，还有现代文化的彰显，文化是有历史痕迹的。现代文明不能脱离传统文化，不能把两者截然分开。

现代文化是工业革命以来产生的新文化。它是一个国家在发展过程中，人们在现今的生活方式、科技水平下形成的一种新型思想理念、道德标准、行为准则等的汇集。现代文化的表现形式多种多样，包含现代科技、现代理念、现代景观等。现代景观实际上是属于现代文化的一种表现形式，那么，从这个角度上讲，在现代庭园景观设计中，现代文化无处不在。例如，无障碍设计、现代科技中的灯光音响的设计及应用、消防设施的设置等，或利用废弃的物品做成小品，效果较佳。如图4-112所示，Vincent Callebaut Architectures最近提出了一个宏伟的建筑设计提案oceanscraper，打算在巴西的里约热内卢海岸，回收海上垃圾，通过3D打印技术打造一个超级水上社区，该计划如果能顺利实施，将会提供10000个住房单位，还有办公室，海上农村、果园、花园等。

图4-111　尽显中国文化元素的园林

图4-112　超级水上社区

元素9 情　感

寄情于山水、借万物于表情，是中国传统园林营造的目标。

如今，随着人们对环境和公共设施功能的关注程度，设计师越来越重视"人性化""以人为本"的设计。因而在园林建筑和景观设计中，设计师注入了情感元素，以特定的物质作为载体，以丰富主体内心的体验，满足主体情感需求。

纵观世界三大园林体系，除了以中国园林为代表的东方园林以外，西亚园林与欧洲园林中也不乏大量使用情感元素的园林，如泰姬陵、空中花园等，这些园林建筑及景观空间无不寄托了建造者的情感，或怀念或纪念……人们在使用这些园林的时候，个体及空间会不自觉地进行情感交流，从而获得喜怒哀乐的情感感受。

在庭园设计时，设计师把人的真实感受作为一个重要的设计元素，借助设计手法和物质，来体现心内体验（图4-113）。情感元素不可见，设计师要把它们融入设计的每个环节和阶段，可以借助任何可以借助的物质作为载体来表达感情，同时也起到引导、诱发、调节和承载感情的作用。

在情感元素的物质载体中，色彩最能引起人们的情感联想，自然界的各种植物在不同季节的色彩不仅增添了庭园建筑造型与绿化景观空间的迷人魅力，也带给人们不一样的视觉感受和心理体验。例如，春天里的绿色，因为色彩深浅不一，层次丰富，带给人们一种宁静的感觉；夏天里，绿色变得浓厚，让强烈的日光变得柔和；秋天里，色彩斑斓的各种色彩、金色、黄色、红色……让人们感受了大自然的丰厚和热情，热爱生活的心理感受油然而生；冬天里，植物的色彩变得更加深沉，让人们有寂静之情。

人们对树木花卉本身具象的形象美、色彩美、相互搭配美等比较容易发现和接受，但容易忽略或者发现不了植物花卉中所蕴含的比较抽象的、含蓄的意境美以及富含思想和情感的美，这种美因人们的生活背景和环境、文化水平、风俗习惯、社会地位等不同而有所不同。同时，人们的思想情操、理想追求等深层次的精神需求既有传统的又有现代的，其随着时代的进步、经济文化的发展而发展。要提高庭园设计水平需要提高人们的精神文明水平，反之，高水平的庭园对提高设计及艺术水平、提高审美能力具有潜移默化的作用，同时也对社会的精神文明建设具有一定的作用（图4-114）。

带有社会因素的园林建筑的色彩的表达也无时无刻不在影响着人们的内心变化和情感感受，如青砖、灰瓦等给人们一种古朴之感，引发人们回想往昔之情；朱漆大门、艳丽的藻井给人们一种华丽之感，诱发对过去权力想象的内心体验。

设计师借助这些情感元素来表达各种情感，让人们的内心体验变得丰富、情感变得更有层次。

图4-113　高迪将自己对大海和
宗教的情感寄托于古尔公园中

图4-114　冯纪忠先生充满情感的上海淞江方塔园
曾经将上海的园林设计推向世界顶尖水平

元素 10　时　　间

任何时期的庭园景观设计，不只是仅仅考虑长、宽、厚三维空间的美，而还需要加上时间的因素，成为"四维"的时空关系。植物种植以后，生长状况和景观将过去、现在和将来联系起来，尤其是现在的景观最能体现时空要素。有前瞻性的设计者会预见树木和花草在时空延续下的变化，并按照设计构想加以发挥，让景观更好地体现其应有的风貌，创造四维的景观。

庭园景观设计的时间元素主要是指植物的组合在不同季节的视觉效果。

庭园景观设计离不开树木和花草等，它们是有生命的，随时间而变化，在空间中不断地生长或衰落。因而庭园景观设计中，设计者要充分了解本地区的气候和土质特征、了解何种植物适合本土气候和土质、了解植物不同季节所呈现的不同色彩和造型（图4-115）。例如，在寒冷地区或四季分明的地区，因为冬天气候比较寒冷和干燥，所以植物的色彩比较单调，几乎失去了春夏季节应有的鲜艳和活力。这样，在寒冷地区或四季分明的地区，一定要根据不同季节的视觉效果，在选用植物上要充分考虑不同季节变化中相互之间过渡时的色彩，让寒冷干燥的冬天有一抹亮丽的色彩。同时，设计者也要充分利用植物的特性，除了色彩以外，植物的造型也相当的重要，如有些植物虽然落叶，但树形美，也可作为庭园景观的主要构成元素。

图4-115　变色叶植物的使用仿佛是庭园的色彩历书

在考虑时间元素的情况下，设计时仅仅只把注意力放在植物上是不够的，还要注意山石与植物的搭配。在总体庭园景观设计时，要根据当地的气候条件、土质特征综合来考虑，用多种方法达到造景效果，如适当减少利用植物类造景的比例，代之以四季不变的山石类、枯山水、金属或石材雕塑置景等，使之在没有植物自然色彩的冬季也保持着另一番美感和风情（图4-116）。

除了季节的变换之外，时间元素还有一种形式即指白天和夜晚的变化。这种时间元素主要是通过灯光来呈现。通过不同的灯光照射，可以达到不同的氛围，如凤凰古城在夜晚灯火辉煌，加上水面，形成

庭园景观设计

了水天一片的借景效果，增加了景深（图4-117）。

图4-116　日本京都东福寺的
七星之庭似乎述说着亘古的宇宙

图4-117　凤凰古城夜景

理论篇

模块五　设计原理与训练

模块五　设计原理与训练

"任何设计过程的第一阶段，就是去认识问题的所在，并决心给它找出一个答案来。然而，设计师所掌握的设计语汇的深度和广度，不仅会影响其对问题的认识，而且也影响答案的形成。如果某人对于设计语言的理解非常有限，那么面对一个问题，其答案的广度也是有限的。"——弗朗西斯 D. K. 程（Francis D. K. Ching）

就像功能分区图可以为一个项目提供功能的导向一样，设计原理有助于为设计建立视觉与美学的导向。这些原理不仅仅可以用于景观设计，建筑、装饰、平面美术和工业设计等领域也同样适用。可以这样讲，任何设计缺少了这些原则都会显得丑陋而杂乱无章（图5-1），而微妙地运用设计原理，设计则会建立一种情理之中的美感（图5-2）。当然，这些原则并不是法则，而是设计师经过时间和实践检验不断总结出的一些规律。一个成功的设计需要同时熟练地运用到许多设计原理，但为了更易于理解，这一章将这些原理进行分类，单个逐一分析。

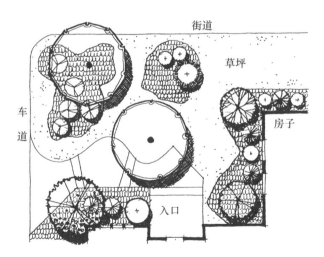

图5-1　没有运用设计原理的庭园方案混乱不堪

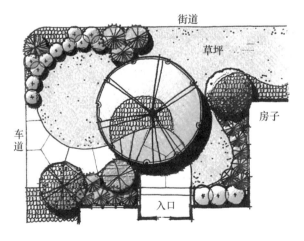

图5-2　运用设计原理的庭园方案充满组织性与美感

不同的设计理论在术语上和设计原则的分类上通常略有不同，但基本方法是一样的。主要的原则有秩序、统一、韵律、比例与尺度，以及空间塑形。下面将通过理论和实例的讲解以及相应的训练来了解这些基本的设计原理，见表5-1。

表 5-1

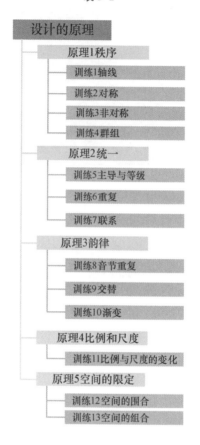

原理 1 秩　　序

如果把一个设计方案比作大树的话，秩序就是树干与树枝的结构。纵然我们看到的是由美丽树叶所包裹着的优美树形，但实际上是树干和树枝限定了树的整体，而树叶只是加强了这种结构。

秩序不仅仅是指几何规律性，而是指一种状态，即整体之中的每个部分与其他部分的关系，以及每个部分都处理得当，直至产生一个和谐的结果。图 5-3a 所示的平面图缺乏秩序让人感到混乱，而图 5-3b 则因为建立了秩序而非常协调。在一种设计主题或风格的前提下，设计作品可以通过四种方法建立秩序：轴线、对称、非对称和组群。

训练 1　轴线

轴线是空间组合中最基本的方法，它是由空间中的两点连成的一条线，以此线为轴，可采用规则或不规则的方式布置形式与空间。虽然是想象的，而且除了意识中的"眼睛"外，不能真正看到，但轴线却是强有力的支配和控制手段（图 5-4）。

为了更好地学习轴线的理论，建议大家做以下两个训练。训练 1.1 需要运用几何形体建立一条看不见的线。这个训练以及以后的训练既可以如图 5-5 那样使用电脑软件完成，也可以通过手绘平面图完成。本模块的训练要求在 A4 大小的纸张或虚拟纸张中完成，并进行版式设计，排版内容如下：

1）用美术字体的形式绘制出训练的题目，如 1. 轴线，2. 对称等。

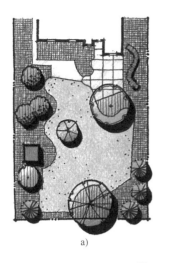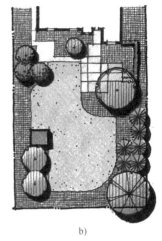

a)　　　　　　　　　　　　b)

图 5-3　秩序

a）缺乏秩序让人感到混乱　　b）秩序使设计协调清晰

图 5-4　longwood 花园中对轴线原理的运用

✍ 训练范图参考

I. 轴线

训练 1.1：　运用几何形体在水平面上
建立一条看不见的线

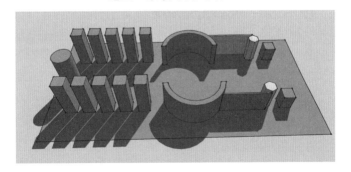

图 5-5　轴线训练 1.1

2）写出训练的具体要求，如 1.2 设计四种结束轴线的方式。

3）根据训练要求绘制单个或系列图形。

4）如果需要，请对图形进行简单说明。

光有轴线的设计是不完整的设计，就像一句话说完要有个标点符号，训练 1.2 就是学习如何设计轴线的结束形式。

训练 1.2（图 5-6）中列举了以下四种结束方式：

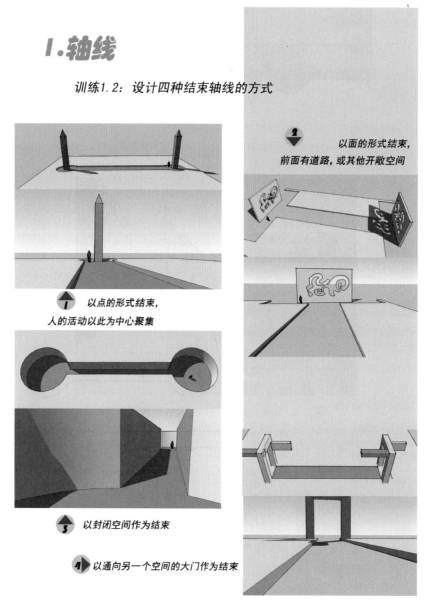

图 5-6　轴线训练 1.2

1）以点的形式结束，人的活动以此为中心聚集。

2）以面的形式结束，前面有道路或其他开敞空间。

3）以封闭空间作为结束，创造出"死胡同"空间。

4）以通向另一个空间的大门作为结束。

轴线结束的方式不仅仅局限于这四种，发挥你的创造力，设计出更多的形式吧！

训练2. 对称

对称是指在轴线两侧或者围绕中心均衡地布置相同的形式与空间图案。简单地说，就是在轴线的一边出现的会在另一边镜像重复。其目的是在总体上创造一种均衡的感觉。在对称的训练中大家仍需要通过两个练习了解两种基本类型对称的使用方法。

1）两侧对称：在一条中轴线的两侧，均衡地布置相同的要素（图5-7）。

2）放射对称：如钟表盘一般，围绕一个中心轴将相同的要素等分排列（图5-8）。

图5-9和图5-10是学习对称原理所需要进行的训练。

图5-7　两侧对称

图5-8　放射对称

训练范图参考

2.对称

训练2.1：通过几何形体绘制出两侧对称的图形

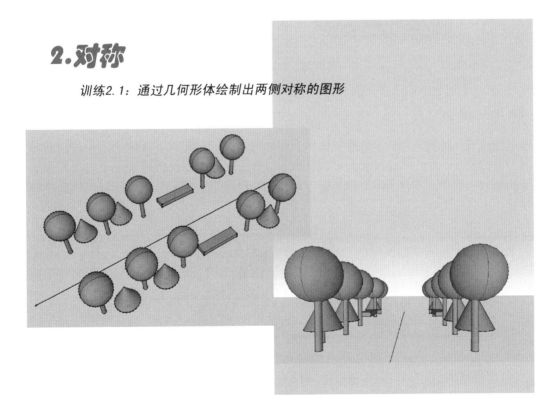

图5-9　对称训练2.1

2.对称

训练2.2：通过几何形体绘制出放射对称的图形

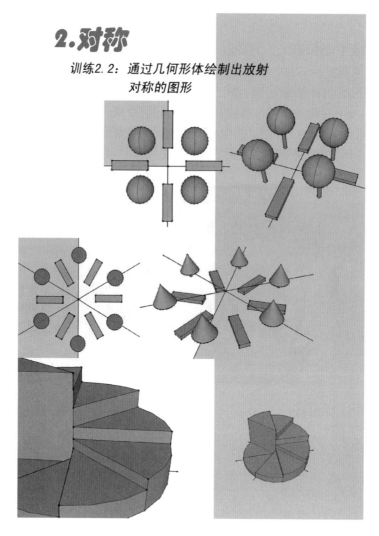

图5-10　对称训练2.2

训练3. 非对称

　　大家可以通过游乐场的跷跷板来理解对称和不对称的平衡：对称就好比两个大小相同的孩子坐在离支撑点相同距离的位置，如5-11a所示。而如果孩子的重量不等，要保持跷跷板平衡就必须坐在离支撑点距离不等的地方，这样就产生了不对称平衡，如5-11b所示。由不相等的各部分创造的平衡意味着需要合理的安置。

图5-11　对称与非对称的平衡

如图 5-12 所示是个对比图，图 5-12a 是缺乏平衡感的，基地的一边放置了太多的设计元素，这使其看起来很"重"，而另外一边却非常"轻"。图 5-12b 中设计元素在视觉重量上分布均匀，每个设计元素和区域相互平衡。

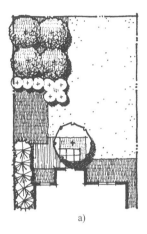 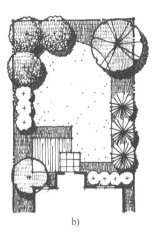

a)   b)

图 5-12　左图缺乏平衡感，右图每个设计元素和区域相互平衡

与对称布局相比，不对称的均衡往往令人感到随意自然。另外，非对称的设计布局不像对称设计那样仅有一个或两个主要观赏点，而是有数个观赏点，每一个透视效果都不同。因此，一个非对称的设计更具动感，通过它可以去发现有趣的区域或景观点（图 5-13）。

图 5-13　非对称平衡构图的景观

接下来就实践一下，通过几何形体在平面图上绘制出非对称均衡的图形。图 5-14 中，被两根轴线分成四块的几何体无论对应哪根轴线都不对称，但是却显现出天平般的平衡感。造成这种视觉平衡的既依靠数量、体量，也依靠物体之间的距离。一般来说，粗糙、冷色、体积大的物体显得重。同时轴线还起到杠杆支点的作用，视觉效果太重的物体建议放置得离轴线远一些。

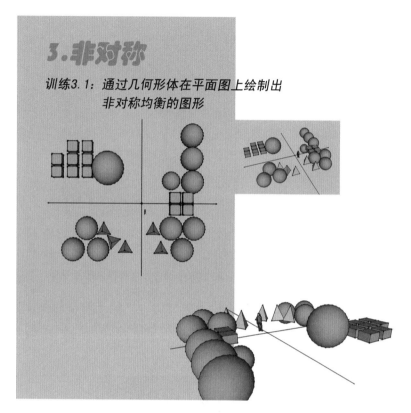

训练范图参考

图 5-14 非对称训练 3.1

训练 4. 群组

无论是在对称还是不对称的构图中，都可以运用群组的原则建立秩序感。所谓群组就是成组的设计元素放在一起的技巧。设计元素，诸如铺地、墙、栅栏、植物等都应该成组布置以产生秩序感。

虽然这个原理适用于所有的设计元素，但是与植物的组织关系更密切。植物配置的一条最重要的指导方针就是群组。只要设计元素集中组合在一起成为可识别的一个群落，基本的秩序感就会建立起来。有一条群组的途径能建立特别强烈的秩序感，那就是将相似的元素组合在一起。在植物设计中，相同品种的植物应组合在一起，如图 5-15b 所示，如果不同品种的植物随意放置就会像图 5-15 的左图那样毫无

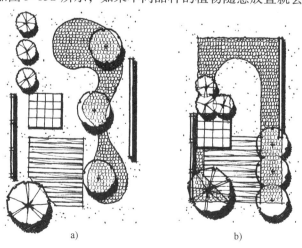

a)　　　　　　　　　　　b)

图 5-15 （左）不同品种的植物随意放置，（右）相同品种的植物组合在一起

秩序感。练习一下，通过不同形状的几何形体绘制群组的秩序感。

在训练4.1（图5-16）中，相同的六棱柱组合在一起。但细心的读者肯定能发现，并不是所有的六棱柱都被放置在一团，而是分成了大小不同的两团。相同的情况也发生在四棱锥上。这是一个小窍门——群组不等于组成一个群。将数量较多的元素组成多个群会有更加丰富的视觉效果。

✏️ **训练范图参考**

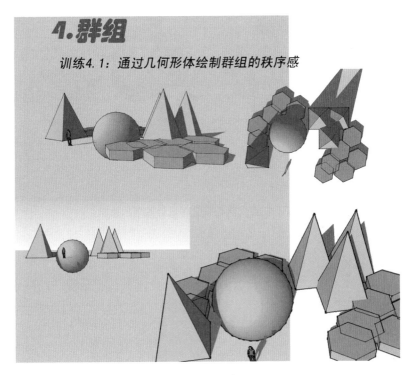

图5-16 群组训练4.1

原理2 统 一

如果说秩序原理是为景观建立系统性，那么统一原理则是为景观提供一个整体的感觉。统一性的原则在设计中影响到所有元素的大小、形状、色彩和肌理如何与环境中其他元素相协调。生物体是大自然中的绝妙统一体，生物体的各个部分都无法缺少或更改。因此如果一个景观作品是统一的，则表示所有的设计元素都是无法更改或缺少的。景观设计中统一感的产生主要建立在主导与等级、重复、联系三个原则以及这三个原则相互协调的基础上。

训练5. 主导与等级

就像工作中会有上下级关系，景观设计中不同形式和空间也存在着差别和等级。也就是说这些形式和空间的重要程度是不同的，在象征意义上所处的地位也不同。衡量重要等级的标准来自于功能、甲方愿望、设计者的决策和文化背景。要表达重要性必须使这个形式或空间与众不同。

文学作品需要主角，国家地区要元首，景观设计也需要起着"主导"作用的元素。设计作品中的主导感可以通过一个或一群元素比其他更突出而产生。主要元素就是作品中的重点或焦点（主景）。这个主景建立了一种统一感，作品中的其他元素与它相比居于次要地位。

设计作品中没有主要元素，眼睛就会无目的地疲惫漫游。如图 5-17a 所示，在这里没有哪个元素或部分能抓住眼球。在这个作品中如果加入视觉焦点，它就会起到视觉磁铁的作用将眼睛拉过来，如图 5-17b 所示。设计中的元素或组团可以通过尺度、形状、颜色或肌理的对比区分主导。此外，一个设计中虽然会有多个重点，但是不能太多，否则形式会十分紊乱，眼睛持续从一个重点移向另一个重点而毫无停顿。

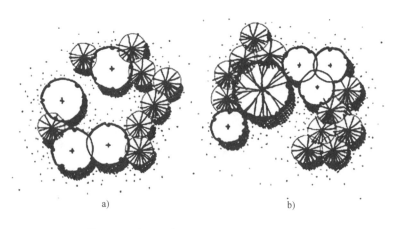

图 5-17　主要元素的有无对设计效果的影响

a）没有等级的景观令人疲倦　b）视觉焦点建立起景观的等级感与主导性

主导可以通过在场地中设计引人入胜的水景、一座雕塑、一块造型独特的岩石、装饰树木、花灌木、花或独一无二的植物形式或夜晚的一点光来创造。如图 5-18 所示，庭园一侧的火景成为引导人视线的焦点景观。

图 5-18　庭园一侧的火景成为引导人视线的焦点景观

下面将通过五个小练习加深理解主导与等级关系。利用几何形体，分别通过特别的尺寸、独特的形状、关键性的位置、独特的色彩与独特的质感创造有等级的秩序感与主导性（图 5-19 ~ 图 5-23）。

训练范图参考

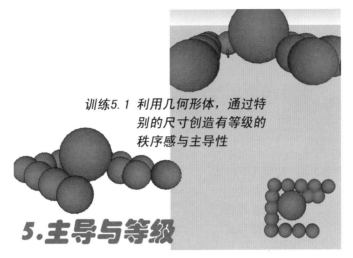

训练5.1 利用几何形体，通过特别的尺寸创造有等级的秩序感与主导性

5.主导与等级

图 5-19　主导与等级训练 5.1

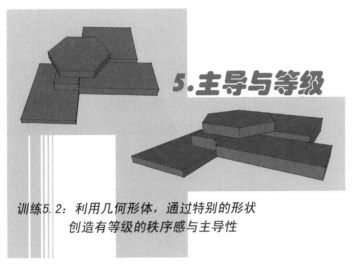

5.主导与等级

训练5.2：利用几何形体，通过特别的形状创造有等级的秩序感与主导性

图 5-20　主导与等级训练 5.2

5.主导与等级

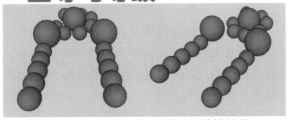

训练5.3：利用几何形体，通过关键性的位置创造有等级的秩序感与主导性

图 5-21　主导与等级训练 5.3

5.主导与等级

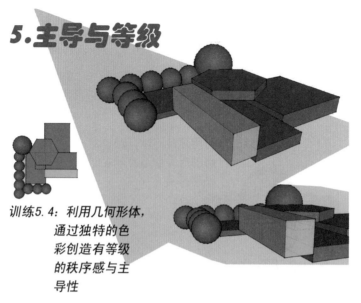

训练5.4：利用几何形体，通过独特的色彩创造有等级的秩序感与主导性

图5-22　主导与等级训练5.4

5.主导与等级

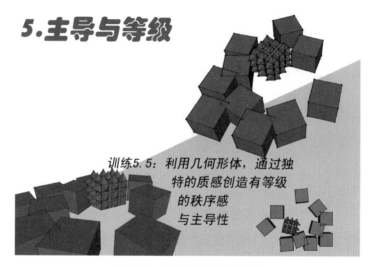

训练5.5：利用独特的质感创造有等级的秩序感与主导性

图5-23　主导与等级训练5.5

训练6. 重复

设计构成中创造统一感的方法之二是重复。重复原则是在一个设计作品中反复运用相同或特征相同的元素。图5-24a 表明在一个设计中的完全无重复，此构图中所有元素的大小、外形、色调及质感均不相同。这样的设计显得杂乱无章，身在其中的人无从定位。而图5-24b 则对一种元素进行重复从而产生统一感。当然，单一的重复也会让作品平庸而乏味。

因此理想的方法是在设计中重复某些元素以求统一，同时其他元素也要富有变化，以维持视觉趣味性。在多样和重复之间应该取得某种平衡，可惜的是这种平衡绝无定式。

重复的原则在场地设计中有几种使用方法。第一，不同的元素和材料在设计中应减少到最小，如在一个区域内应该只有一种或两种铺地材料，因为太多的铺地材料会出现视觉断裂。第二，设计师应该在一个区域中限制植物的物种，应该避免像植物园那样罗列植物。第三，重复原理也可以应用在建筑的立面、围墙、栅栏或植物中。

当眼睛在不同的位置重复地看到这些元素和材质，会产生视觉连贯性。这样，眼睛和意识会将两个区域联系起来并在心理上连接在一起，统一性就出现了。图5-25所示的室内庭园中，球形网架、家具和植物有规律地重复着，既统一，又富有变化。

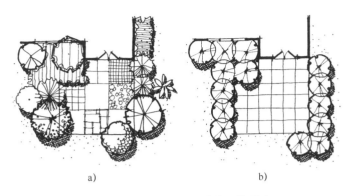

图5-24 重复手法对设计效果的影响

a）完全无重复 b）对一种元素进行重复从而产生统一感

图5-25 球形网架、家具和植物

有规律地重复着，既统一，又富有变化

训练6.1：使用5种几何形体设计一组构图，要求作品中几何形体的总数不少于40。注意，每种形体的数量不需相同，也不是每个形体都要重复，某些形体只需要出现一次以实现多样性或作为景观重点。这个训练旨在让大家尝试在重复和多样中建立平衡（图5-26）。

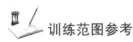训练范图参考

6.重复

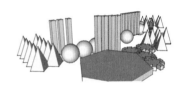

训练6.1：使用5种几何形体设计一组构图，要求作品中几何形体的总数不少于40。注意，每种形体的数量不需相同，也不是每个形体都要重复，某些形体只需要出现一次以实现多样性或作为景观重点。尝试在重复和多样中建立平衡

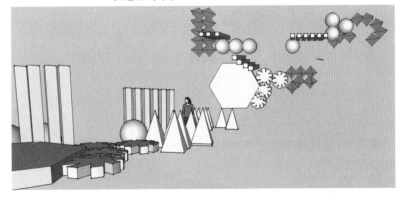

图5-26 重复训练6.1

训练7. 联系

第三种在设计构成中创造统一感的方法是联系，它是将不同元素或组成部分连接在一起的原则。成

功的联系会将视线连贯地连在一起而不会被打断。

在图5-27a中不同区域分成了不同部分，平面因为各部分相对独立少有或根本没有视觉联系而缺乏统一性。而图5-27b中，相同元素进行了修订，原来孤立的部分被移到一起，用新的元素将它们连接起来。小小的连接件能够把管道连接成复杂而统一的体系，而景观设计中，创造联系的窍门也是"连接件"。一片草坪、一团灌木、栅栏、墙、露台等都可以作为有效的连接件。

图5-28的花园中，粉红的铺地将上面五花八门的植物连接在了一起。

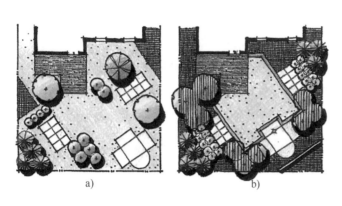

图5-27 联系手法对设计效果的影响

a）平面因为各部分相对独立少有或根本没有视觉联系而缺乏统一性

b）原来孤立的部分被移到一起，用新的元素将它们连接起来

图5-28 粉红的铺地将上面五花八门的植物连接在了一起

从训练7.1和训练7.2中不难发现，这些抽象几何形体也可能是地被植物、矮小的灌木、铺地、栅栏或围墙（图5-29、图5-30）。

训练范图参考

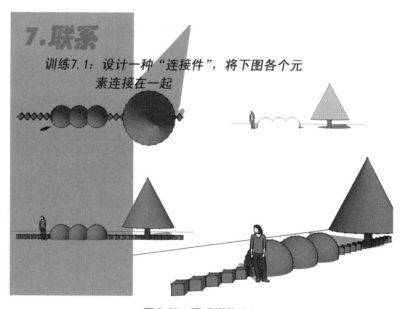

图5-29 联系训练7.1

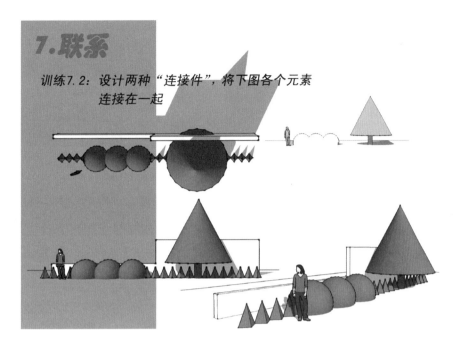

图 5-30　联系训练 7.2

原理 3　韵　　律

韵律是指节奏规律，韵律设计原理的特点是要素或主题以规则或不规则的间隔、图案化地重复出现，从而使原本静止的设计产生动感。这种动感可能是我们的眼睛跟随构图中重复出现的要素的结果，也可能是我们的身体穿过空间序列的结果。无论是哪种情况，韵律都体现了重复出现的基本意图，使之成为组合景观空间和形式的一种手段（图 5-31）。

秩序和统一针对的是设计的总体系以及这个体系中元素间的关系，作品中的节奏韵律则针对要素的时间和运动。当人们依次浏览园林的时候，通常会下意识地在脑子里将它们形成图像。这些图像的时间间隔赋予了设计动态的、变换的特质。这跟音乐的韵律是一回事，音乐中，节拍是表示固定单位时值和强弱规律的组织形式。节拍很容易被人所认知，它让音乐流动，并产生时间的间隔。因此在这些基本原理中，韵律不仅仅和空间有关，也和时间有关。

训练 8. 音节重复

节奏韵律中的重复和统一中的重复有一点不同。在统一原则中，重复可以是静态的、以团状聚集在一起或者在远距离重复以激起人的回忆，一句话，不需要考虑节奏。而韵律中的重复则类似音乐的音符，眼球以一个有节奏韵律的形式从一个元素移动到另一个元素，形成音乐的节拍。

在场地设计中，这个原则应用于铺地、栅栏、围墙、植物等元素，如图 5-32 所示的空间，运用了音节重复原理进行设计，建立起节奏步伐的感觉。在这个原理中需要注意的是，元素之间的间隔决定了韵律的特征和速度。

为了更好地将这一原理运用在设计当中，请大家运用音节重复原理分别设计一组有韵律感的铺地、篱笆、围墙和树篱（图 5-33）。

图 5-31 运用了韵律设计原理的景观

图 5-32 运用了音节重复原理的景观

训练范图参考

8.音节重复

训练8.1：运用音节重复原理分别设计
一组有韵律感的铺地、篱笆、
围墙和树篱

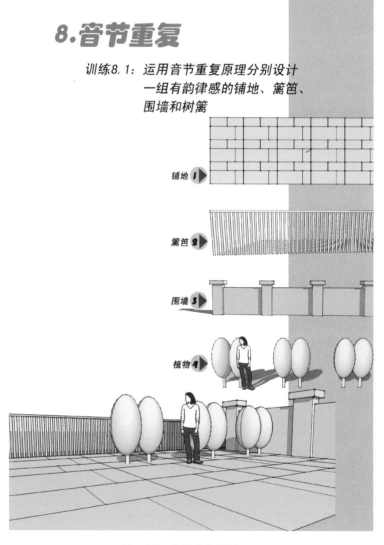

铺地 1

篱笆 2

围墙 3

植物 4

图 5-33 音节重复训练 8.1

训练9. 交替

要创造交替效果，最简单的方法是先基于重复建立一个系列图形，然后按照某个规律替换这个系列中的某些元素。一个基于交替而产生的韵律式样比基于重复而产生的韵律式样有更多的变化，更有视觉趣味性。更换后的元素在序列中能够产生突出和缓和的效果。

做下面的训练的时候要和之前的训练进行比较，思考一下自己更喜欢哪种方法。运用交替原理，对训练9.1进行交替设计（图5-34）。

 训练范图参考

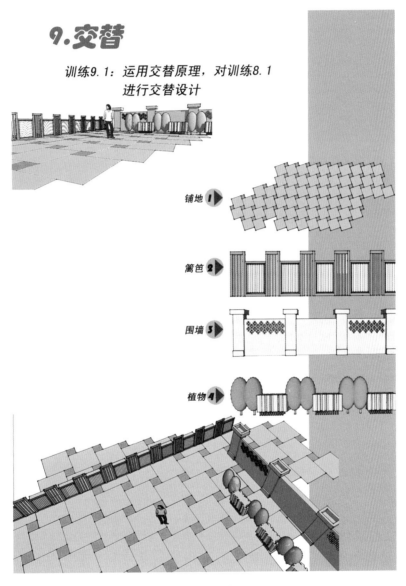

图5-34 交替训练9.1

比较图5-33和图5-34不难发现，后者的形式更加丰富和多样。交替可以产生无限的变化，在设计过程中设计者要警惕这种神奇感觉的诱惑，适可而止，在单调和繁复之间取得平衡。总的来说，设计的过程就是取得平衡的过程。在学习的过程中，不妨做得过一点，就像往天平上放置砝码，如果砝码偏大，就换个小一点的（图5-35）。

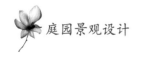

9.交替

训练9.2：运用交替原理，对训练9.1进行
更丰富的交替设计

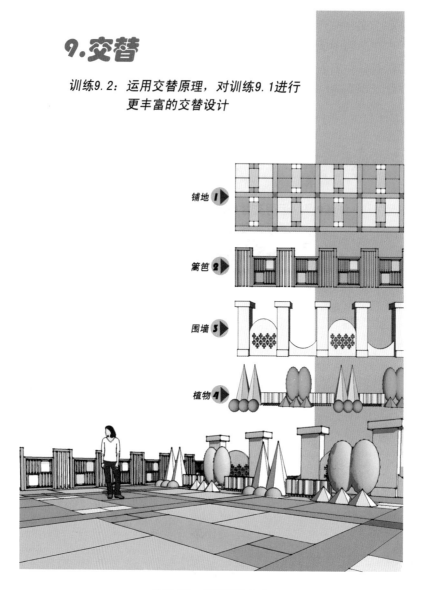

图5-35　交替训练9.2

训练 10. 渐变

渐变是由在重复的系列中逐渐改变一个或多个特点而产生的。例如，在一个有韵律的系列里重复的元素尺寸、色彩和肌理，随着系列的行进形式发生变化：序列中的重复元素逐渐增大，或是将色彩、质感或形式等特征逐步地变化。渐变中所发生的变化能够产生视觉刺激，但是不会在构成的各元素之间形成突然或不连贯的关系。图5-36显示的是景观中运用渐变原理创造出的节奏感。

下一个训练将要实验性地对之前做过的训练进行渐变。在铺地中，通过复杂程度的不同进行渐变；篱笆则是通过通透性从左到右依次增加而变化；围墙和植物则是高度的渐变（图5-37）。

图5-36 景观中运用渐变原理创造出的节奏感

训练范图参考

10.渐变

训练10.1：运用渐变原理，对训练
8.1进行渐变设计

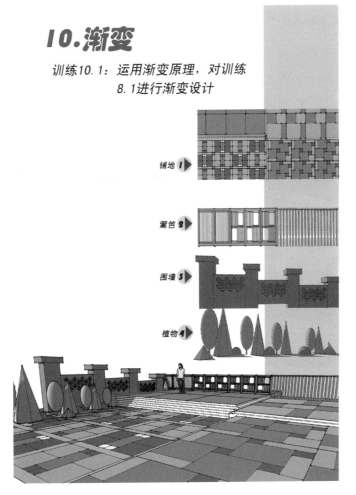

铺地①
篱笆②
围墙③
植物④

图5-37 渐变训练10.1

原理 4 比例和尺度

比例是指一个部分与另一个部分或整体之间的适宜和谐关系；尺度是指某物比照参照标准或其他物体大小时的尺寸。这些关系不仅仅表现在体积上，也表现在数量与级别高低的关系上。

设计作品中人对比例和尺度的感知都不是准确无误的。透视和距离的误差以及文化偏颇都会使人们的感知失真，如人们不一定能感知一块场地是正方形的还是矩形的。一切关于这一原则的理论，目的不是数学上的完美，而是致力于在视觉结构的各要素之中，建立秩序感与和谐感。而比例系统则提供了一套美学方法，一套通过将设计要素各个部分归于统一比例谱系的办法。比例可以为设计增加视觉的统一性，使空间序列具有秩序感，加强其连续性。

如图 5-38 所示，这座克里特岛的古罗马小庭园无论是庭园的总体尺度还是柱廊及其细部的尺度都有着严格的比例关系，所以看起来优雅而协调。

在历史进程中，有许多关于"理想比例关系"的理论，如黄金分割、古典柱式、人体比例等。这些理论涉及很多几何学的内容，在需要因地制宜的小庭园设计中不能生搬硬套，否则反而弄巧成拙。接下来，通过两个训练，大致了解一下如何使用黄金螺线和黄金矩形。

黄金螺线和黄金矩形都来自于黄金分割。毕达哥拉斯认为，世界上的一切都是数字，数字关系表明了宇宙的和谐结构。黄金分割可以定义为：一条线被分为两段，两段的比值或者一个平面图形的两种尺度比，其中短段与长段的比值等于长段与两者之和的比值。

鹦鹉螺的外壳形状就是一条黄金螺线。鹦鹉螺的放射状部分，以反射方式从中心点向外作螺旋扩展，并在扩展图案中保持着壳体的有机统一性（图 5-39）。这是一种特殊的渐变，螺旋线逐步变大和缩小。绘制曲线的时候首先做一个黄金比例的矩形，即长宽之比为 1.618∶1，接着在矩形内以原矩形的宽为边长绘制正方形，剩下的小矩形仍是一个黄金比的矩形，它的长宽比为 1∶0.618，再以它的宽为边长截出一个正方形，得到的仍是一个黄金比矩形……不断重复这一过程，再将所有的正方形的中心以平滑的曲线连接起来，得到的螺旋形曲线就叫作"黄金螺线"（图 5-40）。

图 5-38 庭园的总体尺度及其细部的
尺度有着严格的比例关系

图 5-39 鹦鹉螺

训练 11. 比例与尺度的变化

训练 11.1 中，在一个矩形图形里绘制出鹦鹉螺的渐变图形。借由这种渐变的形式可以形成台阶、露台、立体花坛。也可以将造景的不同元素，水景、植被和硬质景观组合在鹦鹉螺形式中（图 5-41）。

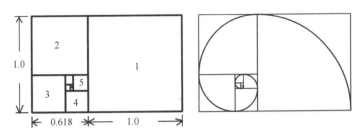

图 5-40 黄金螺线的绘制方法

训练范图参考

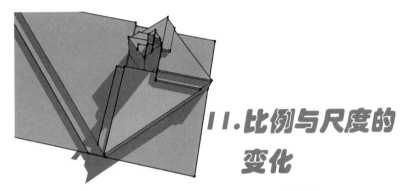

11.比例与尺度的变化

训练11.1：鹦鹉螺的放射状部分，以反射方式从中心点向外作螺旋扩展，并在扩展图案中保持着壳体的有机统一性。在一个矩形图形中绘制鹦鹉螺的渐变图形

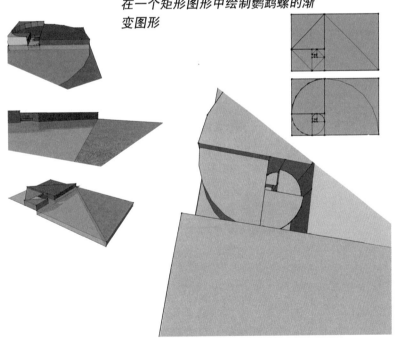

图 5-41 比例和尺度的变化训练11.1

训练11.2：边长比为黄金分割比的矩形，成为"黄金矩形"，以此为基准不断扩展和渐变，便可以形成一组具有古典美感的景观（图5-42）。

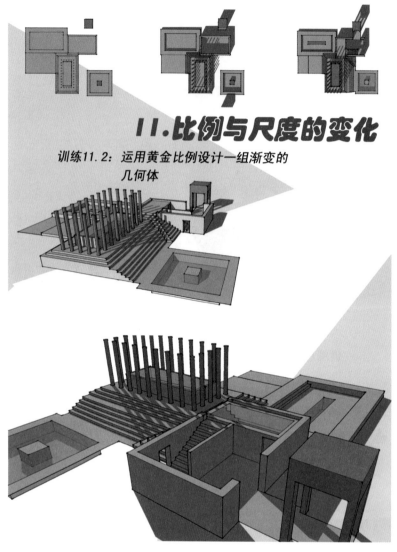

11.比例与尺度的变化

训练11.2：运用黄金比例设计一组渐变的
几何体

图 5-42　比例与尺度的变化训练 11.2

原理 5　空间的限定

训练 12. 空间的围合

　　空间，有时候会表现出"场"的感觉，连续不断地包围着人们。在空间中，人们进行活动、观察形体、听到声音、感受清风、闻到百花盛开的芳香。空间像木材和石头一样，是一种实实在在的东西。然而也是一种没有固定形态的东西。它的视觉形式、比例和尺度，它的光线特征——所有这些特点都依赖于人的感知，即人对于形体要素所限定的空间界限的感知。当空间开始被形体要素所捕获、围合、塑造和组织的时候，景观作品就产生了。图 5-43 所示的景观小品用墙、顶和地面围合出半封闭空间。

　　空间的限定是个十分复杂的领域，在这里本书将其简化，依旧通过练习的形式来学习。其实，任何形式的存在都会凝聚成空间。例如，一根柱子会形成一个"气场"空间围绕在它周围；一块草坪或一片

图5-43 墙、顶和地面围合出半封闭空间

湖面则以其明确的限定表示出特定空间的大小。空间依其开敞程度被称为开敞空间、封闭空间和两者之间的"灰空间"（过渡空间）。

训练12.1 对一块正方形场地进行不同程度的围合，表现出从开敞空间到封闭空间的过渡（图5-44）。

 训练范图参考

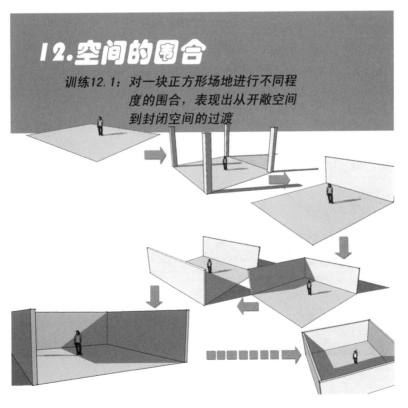

图5-44 空间的围合训练12.1

训练12.2 将一块四面围合的场地"打开",表现出从封闭空间到开敞空间的过渡。在这个训练中,尝试了两种不同的方法。第一行的模型显示了针对墙面的"打开";第二行则是针对四角"打开"(图5-45)。

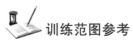训练范图参考

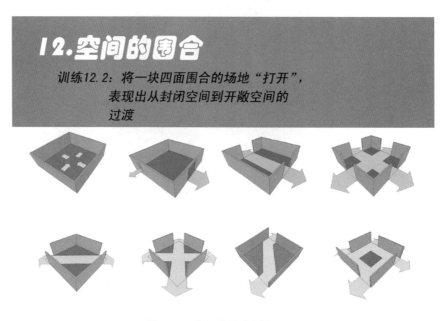

图5-45 空间的围合训练12.2

训练13. 空间的组合

训练12.1解释了单一的空间围合状态。然而由单一空间构成的景观寥寥无几,一般的作品总是由许多空间组成,如图5-46所示。这些空间按照功能、相似性或运动轨迹,而相互联系起来。下面就通过两个训练,学习如何将不同空间彼此联系,并组成连贯的形式和空间图案。

图5-46 景观中不同空间的组合

两个空间常见的相互关联有四种形式:空间内的空间、穿插式空间、邻接式空间以及由公共空间连起来的空间。如图5-47所示训练13.1就是利用几何形体,表现出空间的四种关联形式。在这

个练习中，第一个空间包含在一个更大的空间内；第二个空间的部分区域可以和另外一个空间的部分容积重叠；第三个空间则和另一个空间比邻并共享一条公共边；最后一组空间依靠另外一个中介空间建立联系。

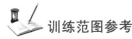

训练范图参考

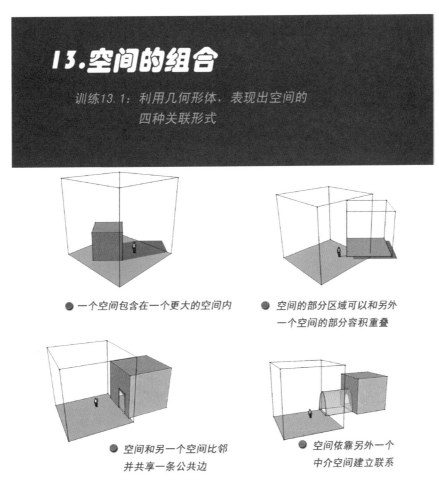

图 5-47　空间的组合训练 13.1

在空间的组合中，用得最多的是空间的穿插。穿插式的空间关系来自两个空间区域的重叠，并且出现了一个共享的空间区域。当两个空间的容积以这种方式穿插时，每个容积仍保持着它作为一个空间的可识别性和界限。

训练 13.2（图 5-48）表示的是利用几何形体所设计出的三种空间的穿插形式。在第一种穿插形式中，两个容积的穿插部分可为各个空间同等共有；第二种穿插形式中，穿插部分可以与其中一个空间合并，并成为其整个容积的一部分；第三种穿插形式中，穿插部分可以作为一个空间自成体系，并用来连接原来的两个空间。

训练 13.3（图 5-49）中利用圆柱体设计了四种空间的穿插形式，并进一步将其具体化，用墙壁表现出来。在这个训练中，第一行代表两种空间的融合，其中的穿插部分可以作为这两个空间中任意空间的一部分。第二种穿插暗示着主次关系，具有次要特性的空间服从于主要空间。第三种穿插部分变成独立的个体，相比较于两个空间更加实体化。第四种恰恰相反，穿插部分相较于原始空间十分虚幻，没有强烈的存在感，若有若无。

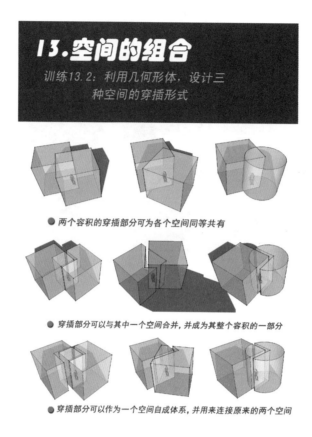

图 5-48 空间的组合训练 13.2

图 5-49 空间的组合训练 13.3

附录　野风派的澳大利亚园林

澳大利亚的园林，早期主要受欧洲殖民文化的影响，其发展促进了苗圃进出口产业。随着更多的园林设计行业人员的移民，澳大利亚园林也从最初的生产园艺发展到专业园林设计。多种族移民文化的融合，使得澳大利亚的园林设计风格相对比较丰富。另外一方面，由于受到各地不同气候、温度、土壤等因素，不同的区域有着不同可以适应生长的本土植物与外来植物。水景的设计在澳大利亚园林里面可以说是最重要的元素之一，不仅仅起到了美观和愉悦人心的作用，同时还有着蓄水、泄洪、消防等实用性功能。

1. 殖民早期的澳大利亚园林

18世纪末，随着欧洲殖民在澳大利亚东南部建立的第一个殖民地和罪犯流放地"新南威尔士"，澳大利亚式园林也开始慢慢地发展起来。尽管早期殖民者，他们尝试运用澳大利亚本土的植物来建造护院，但是大多数的殖民者，还是希望能够在自己的花园种植类似自己家乡的植物营造家乡的感觉。于是欧洲移民为了驯化从欧洲移植过来的蔬果种子和树苗，做了无数的实验和栽培。对于他们来讲，让生长在北半球的果树和蔬菜，适应南半球的气候和水土是非常困难的事情。

比阿特丽丝·布莱（Beatrice Bligh）在《Cherish the Earth：the Story of Gardening in Australia》中写道："早期的移民，他们带来了他们那一个半球称之为绿色村庄的花园制造传统：在砂土里，给新的土地施上肥料，其中最重要的就是保持砂土中的水分来维持他们从家乡带来的植物和草药的生长。要把旧世界的水果在新的环境里建立起来需要百折不挠的精神和决心。妇女们是这个国家里最富有热情和辛苦劳作的园丁。在炎热而漫长的夏天，她们在规整的农舍小院里面辛勤劳作，一直尝试着种植和生产她们过去在欧洲生产的水果。"（图 A-1）。

图 A-1　典型殖民地时期农舍的草药园、蔬菜园和花园

随着更多的殖民者和囚犯的到来，欧洲和英国的传统园林设计也被带到了这片新的土地上来。然而，澳大利亚这样一个不同于北半球自然气候环境的地域给传统欧洲和英国园林设计带来了巨大的挑战，早期的园林项目大都是由政府、成功的商人以及卓越的女性如伊丽莎白·麦克亚瑟（Elizabath Mac-arthur）规划和设计，它们既美观，又具有功能性。经过一个多世纪，澳大利亚有些地方才有了先进的技术并引进了海外专业的园艺师、苗圃培育以及树艺师。异域花园不仅仅是显示了对花园的热爱，更是展示了其主人的优越性和地位，并且征服了澳大利亚景观。

早期的澳大利亚园林，主要是以生产性植物为主，并且在最初的时期，没有专业的园林设计师和足够的劳动力资源。直到几十年后，最早的囚犯成了园林里面劳作的施工者和园丁。随着时间的积累，专业的从事园艺的人才也被引进澳大利亚。同时，也促进了这一时期的植物进出口，如玫瑰，由于极其适应澳大利亚的环境，并且剪切之后在运输过程中很方便保存（图A-2）。然而这些植物长途的海洋运输是一项非常耗时且昂贵的项目，有很多种子、剪切过的植物由于气候，缺乏营养、水分，细菌的生长以及病虫害等原因，成活率极低。这样，也促进了运输植物的技术发展，1829年，小型可运输温室的诞生（图A-3），大大地提高了运输植物的成活率。澳大利亚的殖民者、政府当局、探险家和植物学家看到了引进新植物物种的商业价值。于是，澳大利亚的本土植物，被欧洲殖民者大量地带回欧洲种植。如今，可以在全球很多地方看到在澳大利亚最为著名的尤加利树。

图 A-2　澳大利亚园林中最常见的植物之一——玫瑰花

图 A-3　小型可运输温室

2. 淘金热时期澳大利亚园林的蓬勃发展

19世纪50年代，淘金热带来了大批的移民高潮。随着大量城镇以及私人住宅兴建，私人花园，公园和花园的数量也急速的增长。这个时期，大多数的园林植物都是以引进外地植物为主，尤其在维多利亚州。气候土壤环境等因素和其他州相比，欧洲的植物在这里生长非常迅速。欧洲式的花园在当时非常流行，并由此，在20世纪70年代维多利亚州被称为"花园之州"。墨尔本皇家植物园，也是黄金热时代而被开发起来的（图A-4）。

3. 受"工艺美术运动"影响的澳大利亚园林

19世纪末，由欧洲和北美兴起的"工艺美术运动"，同样传播到了澳大利亚。受"工艺美术运动"的影响，澳大利亚的建筑和园林设计也非常的艺术化。在那个时期，良好设计的窗户不仅仅让屋子充满光线和富有流动性，并且也能给室外的花园提供良好的框架。从屋内往屋外看花园，就好像是在一个镶嵌在画框里的画一样。这样的审美设计，是当时提出的一种可以让房屋和其他元素达到和谐的设计方式。这个

图 A-4　墨尔本皇家植物园平面图

时期，澳大利亚的景观受到海外专业书籍和报刊的影响。比如托马斯·莫森（Thomas Mawson　1861—1933）写的《The Art and Craft of Garden-making by Landscape designer》和格特鲁德·杰基尔（Gertrude Jekyll）与劳伦斯·韦弗（Lawrence Weaver）写的《Small Country House》(1912) 这些书籍启发了澳大利亚园林设计的前驱们的灵感（图 A-5、图 A-6）。

图 A-5　《Small Country House》插图（一）

图 A-6　《Small Country House》插图（二）

4. 澳大利亚园林设计的先驱

1891 年，由维多利亚州皇家园艺协会组织起来的 Burnley 园艺学院成立，诞生了一批澳大利亚园林行业的先驱们。直到 1897 年，查尔斯·博格·拉夫曼（Charles Bogue Luffmann　1862—1920）担任 Burnley 学院的首席校长，在一开始的仅仅是果园技术的园艺培训课程中，加进了园林设计的课程。从此以后观赏性园林设计成为了 Burnley 园艺学院的基础培训课程之一。他还鼓励女性积极参与课程的学习。也就是从这个时期起，园林产业也不仅仅是男性主导了，女性园艺师也开始成为这个行业的先驱。

20 世纪初 Burnley 园艺学院诞生了第一位女性教员奥利夫·霍尔特姆（米勒）（Olive Holttum（Mellor））

图 A-7。她的花园建议和设计主要集中于本土花园。在她的郊区设计里，她运用了广泛的外来多年生宿根花卉、乔木等。但是在乡村设计里，她广泛运用澳大利亚植物来处理缺水问题并且创造庇护场所来解决盛行风的问题。在 1938 年 11 月期刊《Australian Home Beautiful》中她写到一篇关于设计一个澳大利亚本土植物的花园的文章——《Possibility of a Native Garden》。这篇文章里面，图解和设计了超过 70 种的植物列表。这对当时的园艺培植产业来说是一个很大的挑战，因为很少有苗圃培育本土的植物。她的设计跟随着当时的时尚主流，她的读者和客户也常常是新的移民和住户（图 A-8）。

图 A-7　设计师奥利夫·霍尔特姆（米勒）

图 A-8　奥利夫·霍尔特姆（米勒）为《Australian Home Beautiful》所写文章《Back door privacy》的素描插图

　　在同一时期，另一位从事澳大利亚园林设计的女性设计师叫作埃德娜·沃林（Edna Walling，图 A-9）。她是澳大利亚 20 世纪最著名的园林设计师和作者。埃德娜·沃林擅长用素描和水彩等表现手法来展现她的园林设计。早期的职业生涯并没能激发埃德娜的设计灵感，直到有一次她与朋友去海边时，透过围栏看别人的花园，她突然意识到可以建一座矮墙。从此以后她就开始了个人风格的设计，并且说服了她的客户去尝试一下。埃德娜的设计受格特鲁德·杰基尔的书的影响，她的矮墙设计与工艺美术设计有异曲同工之妙。她巧妙地将规则式的风格和自然式的风格结合起来。创意十足的装饰院门和围墙，日冕的运用，鸟浴盆，石头小径，隐秘的秘密花园以及内部的避难所都是她设计艺术的特点。她的实践遍布澳大利亚各大州，包括墨尔本、珀斯、悉尼、霍巴特以及昆士兰州。由于她在澳大利亚园林设计行业的卓越贡献和影响，埃德娜·沃林被评为澳大利亚 100 年内最具有影响力的人物之一（图 A-10 ~ 图 A-13）。

图 A-9　学生时代在 Burnley 园艺学院的埃德娜·沃林

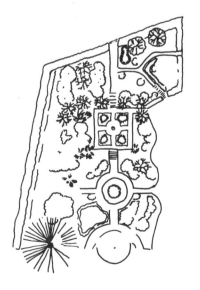

图 A-10　埃德娜·沃林的平面草图

图 A-11　埃德娜·沃林为《Australian Home Beautiful》所写文章《致园林爱好者的一封信》刊头素描

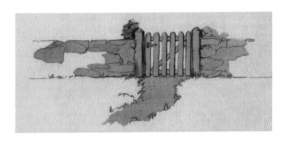

图 A-12　埃德娜·沃林风格的要素（主要流行于 Bickleigh Vale）：一条崎岖的
小径、当地石材砌筑的矮墙、简洁的木桩大门

图 A-13　埃德娜·沃林风格的庭园

　　在埃德娜·沃林的创作生涯中，著名园林建造者埃利斯·斯通（Ellis Stones）和她成了重要的合作伙伴。埃利斯擅长运用石头来构筑园林里的各种元素，比如水池、石径、石墙等（图 A-14）。运用石料这样的材料来建造园林，使得他建造的园林，目前仍有很多保留着。他善于选择石料和置石，在他建造的园林中，石墙、石头台阶与置石的结合看起来非常自然。此外，他还非常善于运用卵石和石头建造旱溪，并在雨季成为临时性的流水景观。埃利斯认为，水在园林中是非常迷人的元素，他尤其善于运用场地的地形和等高线建造水池。在他的园林设计中经常出现儿童游乐的场所，以及曲折的小径。他更是喜欢运用本地的材料，比如石料，木头、碎石以及篱笆。他的植物配置非常具有可挑选性，通常根据客户的需求来达到生态的多样性的种植。在 20 世纪六七十年代，从他的规划图中，可以看到本土和外来植物配置的比例相对平均。根据植物的不同形状和特性，或隐藏或显露，提供景观的焦点或者背景。硬质的

197

铺地通常会被植物所软化，并且成为视觉边界。埃利斯和很多景观设计师一样认为"伟大的园艺师应当将好的建筑设计和景观设计结合起来"。他写道："在很多的例子中，景观设计师必须在推土机施工之前勘察地形而不是之后。"

5. 现代澳大利亚园林的案例

受到以上先驱的影响，澳大利亚现代本土的园林设计师菲利普·约翰逊（Phillip Johnson）的园林善于运用本土的石料和本土植物，并将这样的理念带去了2013年的英国切尔西花展。由此获得了当年花展的最佳展示花园设计奖和金奖。在菲利普的花园中，水是设计的核心，通过收集天然雨水，储存到水箱，再到水池中。循环利用的过程中，放缓了排水的速度，减少了城市排水系统的压力。

菲利普自己的花园是位于墨尔本东部丹德农山区的Olinda（图A-15）。这块区域没有城市的供水系统，也就是说，所有的住宅用水都是由雨水收集而来。屋顶就是最好的集水源泉，雨水被集中到水箱中，然后通过过滤系统，给房屋供水，包括饮用水和生活用水，图A-16是Olinda花园的平面图，图中1、2、3点是水箱，当水箱中的水满了，过多的水会排往泳池。图A-17是一个天然的无氯泳池，它的原理是运用过滤系统把雨水过滤，并达到可以游泳的水的标准。此外，由于自然的坡度，雨水将会被收集到集水井中再被运输到较低的景观水池中。菲利普还擅长置石，并且制造出与自然相媲美的瀑布叠水和溪流。他自家的花园就可以体现，不同的石材制造出来的不同景观效果。泳池的用石选的是有些砂质感的花岗岩，而下面的水池则选用了较为硬质的深色角页岩岩石（图A-18）。周围配用丹德农山里特有的树蕨植物软化硬石。

图A-14 埃利斯·斯通风格的石头堤岸水池

图A-15 Olinda住宅和山林景色

在澳大利亚很多郊区地带都是属于易着火的区域，所以充足的水源非常重要。菲利普的园景里面的水池就起到了消防的作用。在自家住宅的屋顶上，有自动喷水系统。只要保持两个水池里面有充足的水源，如果有火灾发生，水幕就会从屋顶流下。不过这个系统至今还没有启用过。而在另外一个庄园Lubra Bend景观项目中（图A-19、图A-20），水景确确实实在消防中起到了作用。2009年，这个项目的二期工程，湿地部分刚刚施工完成，便发生了黑色星期六重大火灾（图A-21），大火在庄园燃烧，然而却止于刚建好的湿地边缘。虽然围栏和大片的牧地被烧毁，但是湿地却保护了建筑，保住了家。

Lubra Bend庄园是个历史悠久的农场，有着种植了60多年历史的高大挡风植物墙，规模宏大，所以在设计和选材中，拿捏好尺度就非常重要。小小的卵石，在这里就如同尘土。菲利普在选石料的时候，一眼就识中了两块独特的石头。一块成了入口处的置石，而另一块由于其的形状，成了天然的鸟浴池（图A-22）。庄园水景，根据地形而设计：临近住宅的是观赏性荷花池，水流通过旱溪床流入到下面的较大的湿地，然后再由旱溪床流入到Yarra河中。成功的水景设计既给客户带来了极其具有观赏性的景观，同时也起到了保护庄园的实用价值。本土植物与现存植被相结合的配置也恢复了当地的生态。将原来枯燥的牧草地转变为了生机盎然的动植物栖息地，如图A-23所示是2014年后与图3-47同一地点的景观。

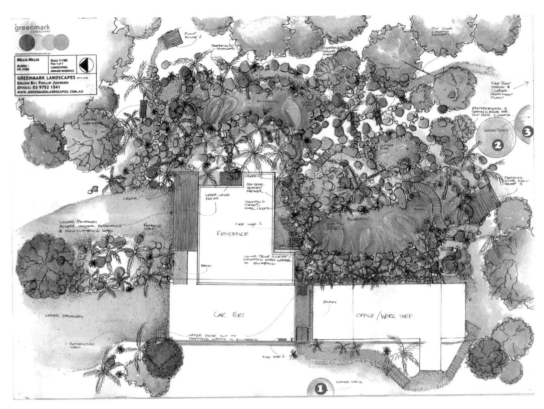

图 A-16 Olinda 平面图

图 A-17 自然无氯泳池

图 A-18 深色角页岩岩石

图 A-19 Lubra Bend 庄园平面图

图 A-20 Lubra Bend 庄园

庭园景观设计

图 A-21　黑色星期六重大火灾

图 A-22　鸟浴池

图 A-23　重返生机的 Lubra Bend 庄园

参 考 文 献

［1］许浩. 景观设计——从构思到过程［M］. 北京：中国电力出版社，2011.

［2］针之谷钟吉. 西方造园变迁史［M］. 邹洪灿，译. 北京：中国建筑工业出版社，1991.

［3］刘天华. 画境文心——中国古典园林之美［M］. 上海：生活·读书·新知三联书店，1994.

［4］黄东兵. 园林绿地规划设计［M］. 北京：高等教育出版社，2012.

［5］徐清. 景观设计学［M］. 上海：同济大学出版社，2010.

［6］Phillip Johnson, Connected：The Sustainable Landscapes of Phillip Johnson［M］. Sydneg：Murdoch Books, 2015.

［7］Anna Vale, Exceptional Australian Garden Makers［M］. Melbourne：Lothian Custom Publishing Ptg Ltd. , 2013.

［8］迈克 W. 林. 建筑设计快速表现［M］. 王毅，译，上海：上海人民美术出版社，2012.

［9］NORMAN K. BOOTH, JAMES E. HISS. Residential landscape Architecture—designprocess for the private residence［C］. New Jersey：Prentice Hall, 1999.

［10］GRANT W. REID, FASLA. Landscape Graphics—Plan, Section and Perspective Drawing of landscape Spaces［M］. New York：Watson-Guptill, 2002.

［11］ANN MARIE VANDERZANDEN, STEVEN N. RODIE. Landscape design—theory and Application［M］. Boston：Cengage Learning, 2007.

［12］GRANT W. REID, FASLA. Fron Concept to Form in Landscape Design［M］. New Jersey：Wiley, 2007.